DK 531.133.34

FORSCHUNGSBERICHTE
DES WIRTSCHAFTS- UND VERKEHRSMINISTERIUMS
NORDRHEIN-WESTFALEN

Herausgegeben von Staatssekretär Prof. Dr. h. c. Dr. E. h. Leo Brandt

Nr. 481

Privatdozent Oberbaurat
Prof. Dr.-Ing. Walther Meyer zur Capellen

Fünf- und sechspunktige Geradführung in Sonderlagen
des ebenen Gelenkvierecks

Als Manuskript gedruckt

WESTDEUTSCHER VERLAG / KÖLN UND OPLADEN

1958

Forschungsberichte des Wirtschafts- und Verkehrsministeriums Nordrhein-Westfalen

Gliederung

Vorwort . . . . S. 5

Einleitung . . . . S. 6

1. Kreisungs- und Angelpunktkurve . . . . S. 7
   1.1 Drei unendlich benachbarte Lagen . . . . S. 7
   1.2 Vier unendlich benachbarte Lagen . . . . S. 7

2. Methoden . . . . S. 8

3. Die einzelnen Sonderstellungen . . . . S. 10
   3.1 Koppel und Steg parallel . . . . S. 10
   3.2 Die Parallellage . . . . S. 16
   3.3 Die Totlage . . . . S. 20
   3.4 Die Steglage . . . . S. 29

4. Zusammenfassung . . . . S. 34

5. Literaturverzeichnis . . . . S. 35

6. Anhang . . . . S. 37

Forschungsberichte des Wirtschafts- und Verkehrsministeriums Nordrhein-Westfalen

Vorwort

Die Aufgabe, Getriebe mit genäherten Geradführungen zu entwerfen, ist nicht neu, und diese Aufgabe begegnet dem Konstrukteur immer wieder, sei es um die gerade Bahn als solche auszunutzen oder sei es, um von der Bahn eine Rast abzuleiten. Es lassen sich nun eine ganze Reihe solcher Getriebe angeben, wenn man besondere Stellungen der Viergelenkkette betrachtet und nach denjenigen Getrieben fragt, bei welchen ein bestimmter Koppelpunkt eine Koppelkurve mit fünf- oder sechspunktig berührender Tangente beschreibt. Hierdurch wird eine im allgemeinen recht gute Geradführung erhalten, vor allem aber ergeben sich einfache rechnerische und zeichnerische, auch nomographische Verfahren, so daß diese vom Konstrukteur leicht durchzuführen sind.

Die Methoden werden von Grund auf entwickelt, und es werden die Formen der Getriebe und der Koppelkurven durch zahlreiche Abbildungen veranschaulicht.

Bei der Ausarbeitung, insbesondere bei der Herstellung der Abbildungen unterstützte mich Herr Dipl.-Ing. O. DINGERKUS. Hierfür sei ihm herzlich gedankt.

Besonderer Dank gebührt aber dem Herrn Wirtschafts- und Verkehrsminister des Landes Nordrhein-Westfalen für die Förderung, welche er dieser Arbeit zuteil werden ließ.

Der Verfasser

Einleitung

Beschreibt ein Punkt eines Getriebegliedes auf einem bestimmten Stück seiner Bahn eine genäherte Gerade, so kann diese benutzt werden, um z.B. einen Schreibstift zu führen oder um beim Wippkran (dem klassischen Beispiel der Kinematik) die Last waagerecht zu bewegen, wie auch bei einer Filmkamera [17] oder um bei der Tiefbrunnenkolbenpumpe der Firma Köster (Heide i. Holstein) den Kreuzkopf zu sparen oder aber um von dem geraden Stück der Koppelkurve unter Anschluß einer schwingenden, sich drehenden oder parallel zu sich verschiebbaren Kulisse eine Rast abzuleiten.

Für diese Zwecke eignen sich die Koppelkurven in ihrer vielfachen Gestalt besonders gut (aber auch die zyklischen Kurven). Nun kann die Gerade mit der Koppelkurve vier, fünf oder sechs endlich oder aber auch unendlich benachbarte Punkte gemeinsam haben. Im ersteren Fall schneidet die Gerade die Kurve in vier bzw. fünf bzw. sechs endlich, aber dicht benachbarten Punkten [3], während im letzteren Fall die Gerade Tangente an die Kurve ist und im Berührungspunkt mit dieser n (n = 4,5,6) unendlich benachbarte Punkte gemeinsam hat. Man spricht dann von n-punktiger Berührung. Diese kann bei der Koppelkurve höchstens sechster Ordnung sein, da die Koppelkurve (erster Art) eine Kurve sechster Ordnung ist, also bei vier- oder fünfpunktiger Berührung von der Tangente noch in zwei (evtl. imaginären) Punkten oder noch in einem Punkt geschnitten wird.

Während in einer früheren Arbeit [11] aus dem Zykloidenlenker Getriebe entwickelt wurden, welche Koppelkurven mit sechspunktig berührender Tangente, also eine sechspunktige Geradführung lieferten (im Gegensatz zur sechspunktigen genäherten Geradführung, bei welcher sechs endlich benachbarte Punkte gemeinsam sind), soll nun hier in ähnlicher Weise nach fünf- oder sechspunktigen Geradführungen für den Fall gefragt werden, daß sich die Viergelenkkette in einer besonderen Stellung befindet, da sich dann besonders einfache Maßbeziehungen ergeben.

Bevor mit den Einzelheiten begonnen wird, müssen die Besonderheiten der betrachteten Stellungen hervorgehoben und müssen die Methoden der Entwicklung dargelegt werden, Methoden, welche zwar nicht mit denen von R. MÜLLER [4] übereinstimmen, aber in einem auch dort behandelten Fall zum gleichen Ergebnis führen.

Forschungsberichte des Wirtschafts- und Verkehrsministeriums Nordrhein-Westfalen

1. Kreisungs- und Angelpunktkurve

1.1 Drei unendlich benachbarte Lagen

Bekanntlich bestimmen Momentanpol und Wendekreis der bewegten Ebene, hier der Koppelebene, drei unendlich benachbarte Lagen, da jene die Krümmungsverhältnisse bestimmen und ein Krümmungskreis im allgemeinen mit der Bahnkurve mindestens drei unendlich benachbarte Punkte gemeinsam hat. Die Krümmung der Bahnkurven ist hierbei durch die EULER-SAVARYsche Gleichung

$$1/r - 1/r_o = 1/w, \quad w = D \sin\varphi \qquad (1.1)$$

festgelegt, worin, vgl. Abbildung 1,

$r = \overline{KP}$ gleich dem Abstand des bewegten Punktes K,

$r_o = \overline{K_o P}$ " " " " zugehörigen Krümmungsmittelpunktes K_o vom Momentanpol P ist,

D den Durchmesser des Wendekreises, φ den Winkel des Strahles PK... mit der Polbahntangente t und w die Sehne $\overline{PK_w} = D \sin\varphi$ darstellt, so daß $\overline{K_o K} = r_o - r$ gleich dem Krümmungsradius ϱ wird. Hinsichtlich Vorzeichen und Zuordnung vgl. [1, 2, 6, 7].

1.2 Vier unendlich benachbarte Lagen

Soll aber die Bahnkurve des Punktes K mit ihrem Krümmungskreis vier unendlich benachbarte Punkte gemeinsam haben, wie z.B. die Ellipse mit den Krümmungskreisen in ihren Scheiteln, so muß der Punkt K im Augenblick auf der Kreisungspunktkurve k_u und sein Krümmungsmittelpunkt K_o auf der Angelpunktkurve k_a liegen[1]. Soll nun ferner die Bahnstelle einen unendlich großen, vierpunktig berührenden Krümmungskreis, d.h. eine vierpunktig berührende Tangente haben, so muß der Punkt K der Schnittpunkt der Kurve k_u und des Wendekreises k_w, d.h. gleich dem BALLschen Punkt der Systemlage sein [1, 2, 5].

Die Gleichung der Kreisungspunktkurve k_u lautet

$$\frac{1}{l \sin\varphi} + \frac{1}{m \cos\varphi} = \frac{1}{r} \qquad (1.2)$$

---

[1]. Die obige Bezeichnung stammt von H. ALT, während MÜLLER [5] von Kreispunktkurve und Mittelpunktkurve spricht

und die der Angelpunktkurve

$$\frac{1}{l_o \sin\varphi} + \frac{1}{m \cos\varphi} = \frac{1}{r_o}, \qquad (1.4)$$

worin r, r_o und φ die gleiche Bedeutung wie oben haben und wobei l der Radius des Krümmungskreises von k_u ist, der t in P berührt,
l_o der Radius des Krümmungskreises von k_a ist, der t in P berührt,
m der Radius des Krümmungskreises von k_u und k_a ist, der n in P berührt.

Nun sollen im folgenden gewisse Stellungen der Viergelenkkette betrachtet werden, in denen zudem die Kurven k_u bzw. k_a entarten:

a) Es sei $m = \infty$. Dann entartet k_u in die Polbahnnormale n und in einen Kreis vom Durchmesser l, ebenso k_a in n und in einen Kreis vom Durchmesser l_o, wie aus den Gleichungen 1.2 und 1.3 sofort hervorgeht. Beim Gelenkviereck sind dann Koppel und Steg parallel, vgl. Absatz 3.1.

b) Der Momentanpol liege unendlich fern. Dann entartet k_u in die unendlich ferne Gerade und in eine Hyperbel, wovon aber in Absatz 3.2 nicht unmittelbar Gebrauch gemacht wird. Die um die Stegpunkte schwingenden Glieder sind dann zueinander parallel.

c) Es sei $l_o = \infty$. Dann entartet k_a in die Polbahntangente t und in den Kreis mit der Gleichung $r_o = m \cos\varphi$, welcher die Polbahnnormale n in P berührt. Dieser Fall tritt bei der Viergelenkkette u.a. in den Totlagen auf; mit diesen befaßt sich Absatz 3.3. Vgl. a. [9] und [13].

d) Die kinematische Umkehrung zum Fall c fordert, daß $l = \infty$ wird: Dann entartet k_u in die Polbahntangente t und in den Kreis mit der Gleichung $r = m \cos\varphi$, welcher n in P berührt. Es entartet k_a hierbei im allgemeinen ebensowenig wie k_u unter Punkt c. Die kinematische Umkehrung der Totlagen liefert die Steglagen, vgl. Absatz 3.4.

Da im folgenden von einer vierpunktigen Berührung ausgegangen werden soll, ist der Punkt K, der BALLsche Punkt, als Schnittpunkt von k_u und k_w besonders einfach anzugeben.

2. Methoden

Der nun so gewählte Punkt K liegt in seiner Ausgangslage auf dem Polstrahl PK, und seine Tangente verläuft senkrecht zu diesem. Wir legen jetzt die

Koppelkurve derart in ein Koordinatensystem, daß in der Ausgangslage der Polstrahl PK^o auf der y-Achse (oder η -Achse) liegt, also die x-Achse (oder ξ -Achse) zur Kurventangente und damit zur genäherten Geraden parallel verläuft. Es sei y_o die Anfangs- und y die beliebige Ordinate des Punktes K, Abbildung 2.

Man kann dann y als Funktion des Kurbelwinkels α oder des Koppelwinkels γ (vgl.u.) darstellen und $y = f(\alpha)$ bzw. $y = f(\gamma)$, wie schon an anderer Stelle gezeigt wurde [8], [11], in eine Potenzreihe entwickeln. Dann gilt z.B. für $y = f(\alpha)$ die Entwicklung

$$y = y_o + \frac{\alpha}{1!} y_o' + \frac{\alpha^2}{2!} y_o'' + \frac{\alpha^3}{3!} y_o''' + \ldots , \qquad (2.1)$$

worin $y_o^{(n)}$ die Ableitungen von y nach α in der Ausgangslage $\alpha = \alpha_o$ und $y = y_o$ bedeuten.

Für eine zweipunktige Berührung muß $y_o' = 0$, für eine dreipunktige $y_o'' = 0$ und für eine vierpunktige Berührung $y_o''' = 0$ sein. Diese Bedingungen sind von vornherein erfüllt, da ja K als BALLscher Punkt gewählt war. Soll aber eine fünfpunktige Berührung vorliegen, muß noch

$$y_o^{(4)} = 0 \qquad (2.2)$$

und bei einer sechspunktigen Berührung auch noch

$$y_o^{(5)} = 0 \qquad (2.3)$$

sein.

Die tatsächliche Auswertung zeigt, daß $y = F(\alpha, \gamma)$ ist, wobei $\gamma = \gamma(\alpha)$ wieder von α abhängt. D.h. in den Ableitungen von y nach α kommen auch die Ableitungen von γ nach α in der Ausgangsstellung, also $\gamma_o^{(n)} = \gamma^{(n)}(\alpha_o)$ vor. Um diese zu gewinnen, schreibt man die Gleichung des Gelenkviereckes (ohne Koppelpunkt) in der Form $F(\alpha, \gamma) = 0$ hin und kann hieraus durch mehrfaches Differentiieren die gewünschten Ableitungen gewinnen. Bemerkt sei noch, daß bei Wahl von γ als unabhängig Veränderlicher in den vorstehenden Entwicklungen α und γ miteinander vertauscht werden müssen. Die Funktionen $F(\alpha, \gamma) = 0$ wie auch $y = f(\alpha)$ bzw. $y = f(\gamma)$ werden unten für den Einzelfall angegeben.

3. Die einzelnen Sonderstellungen

3.1 Koppel und Steg parallel

3.11 Maße

Wenn Koppel und Steg parallel sind - eine Stellung, die nur bei der Doppelschwinge und ihrer kinematischen Umkehrung, der Doppelkurbel auftreten kann -, entartet die Kreisungspunktkurve k_u in die Polbahnnormale n und in einen Kreis k'_u vom Durchmesser $PL = l$ und die Angelpunktkurve k_a ebenfalls in n und in einen Kreis k'_a vom Durchmesser $PL_o = l_o$, wobei beide Kreise die Polbahntangente t in P berühren, Abbildung 3, und wobei gemäß der EULER-SAVARYschen Formel

$$1/l + 1/l_o = 1/D \tag{31.1}$$

gelten muß. Es ist, da l_o den absoluten Wert bedeuten soll und L außerhalb des Wendekreises, also L_o in der unteren Halbebene liegt, d.h. die Überkreuzlage als Ausgangspunkt dienen soll, $r_o = - l_o$ zu setzen (vgl. Gl. 1.1).

Gegeben sei nun $PW = D$ und $PL = l = \mu D$, so daß nach Gleichung 31.1 hier

$$l_o = \frac{\mu}{\mu - 1} D \tag{31.2}$$

gilt. Durch die zunächst willkürlich angenommenen Polstrahlen mit den Winkeln φ_1 und φ_2 gegenüber der Polbahntangente ist das Gelenkviereck bzw. die Doppelschwinge $A_o A B B_o$ festgelegt. Der mit der Koppel fest verbundene Punkt $W = K$ ist der BALLsche Punkt der gezeichneten Lage. Seine Bahntangente verläuft hier parallel der Polbahntangente t. Zu untersuchen ist jetzt, unter welchen Bedingungen die Bahntangente nicht nur vier-, sondern fünf- oder sechspunktig berührt.

Zunächst sind noch die Maße des Getriebes anzugeben: Es ist nach Abbildung 3

$$PA = r_1 = l \sin\varphi_1, \quad PB = r_2 = l \sin\varphi_2,$$
$$PA_o = r_{10} = l_o \sin\varphi_1, \quad PB_o = r_{20} = l_o \sin\varphi_2, \tag{31.3}$$

so daß daraus $a = A_o A = PA + PA_o$ und $b = B_o B = PB + PB_o$ zu

$$a = \frac{\mu^2}{\mu-1} D \sin\varphi_1 \quad \text{und} \quad b = \frac{\mu^2}{\mu-1} D \sin\varphi_2 \qquad (31.4)$$

folgen. Da l der Durchmesser des dem Dreieck ABP umbeschriebenen Kreises ist, gilt für die Sehne AB und entsprechend für die Sehne $A_o B_o$ im Kreis vom Durchmesser l_o:

$$c = AB = l \sin(\varphi_2 - \varphi_1) = \mu D \sin(\varphi_2 - \varphi_1), \qquad (31.5)$$

$$d = A_o B_o = l_o \sin(\varphi_2 - \varphi_1) = \frac{\mu}{\mu-1} D \sin(\varphi_2 - \varphi_1), \qquad (31.6)$$

d.h. auch c:d = $(\mu-1):1$.

Ferner folgt aus Abbildung 4 mit $\delta = \varphi_1 + \varphi_2 - \pi/2 = \varphi_o - \pi/2$ unmittelbar

$$AK' = u = D \cos\delta - r_1 \cos\varphi_2 = D(\sin\varphi_o - \mu\sin\varphi_1 \cos\varphi_2), \qquad (31.7)$$

$$K'K = v = -D \sin\delta + r_1 \sin\varphi_2 = D(\cos\varphi_o + \mu\sin\varphi_1 \sin\varphi_2). \qquad (31.8)$$

Man beachte, daß in der Abbildung φ_2 stumpf ist.

3.12 Koordinaten des Koppelpunktes K

Wir legen durch A_o ein x,y-System, dessen x-Achse der Polbahntangente der Ausgangsstellung parallel verläuft, so daß der Steg mit dieser einen Winkel $\kappa = \pi - (\varphi_1 + \varphi_2) = \pi - \varphi_o$ bildet. Ferner möge AB mit dem Steg den Winkel γ und $A_o A$ mit diesem den Winkel α bilden. Dann gilt für die Ordinate des Koppelpunktes K (vgl. Abb. 5)

$$y = a \sin(\alpha - \kappa) + u \sin(\gamma + \kappa) - v \cos(\gamma + \kappa) \quad \text{oder}$$

$$y = -a \sin(\varphi_o + \alpha) + u \sin(\varphi_o - \gamma) + v \cos(\varphi_o - \gamma). \qquad (31.9)$$

In der Ausgangsstellung ist $\gamma = \gamma_o = 0$ und $\alpha = \alpha_o = \pi - \varphi_2$ (vgl. a. Abb. 3), also $\alpha_o + \varphi_o = \pi + \varphi_1$ und beiläufig $y_o = a \sin\varphi_1 + u \sin(\varphi_1 + \varphi_2) + v \cos(\varphi_1 + \varphi_2)$.

Wie oben allgemein gezeigt, werden jetzt die Ableitungen von y nach γ für $\gamma = 0$ gebraucht[2]. So ergibt sich z.B. $y'_o = a \cos\varphi_1 \cdot \alpha'_o + u \cos\varphi_o + v \sin\varphi_o$,

---

2. Mit Rücksicht auf Abs. 3.4

$$y_o'' = a \sin\varphi_1 \cdot (\alpha_o')^2 + a \cos\varphi_1 \cdot \alpha_o'' - u \sin\varphi_o - v \cos\varphi_o.$$

Die folgenden umfangreicheren Ausdrücke für die weiteren Ableitungen seien zunächst nicht angegeben. Die noch fehlenden Ableitungen von α nach γ für $\gamma = 0$ ergeben sich aus der allgemeinen Konfiguration. Nach Abbildung 5 gilt $d - a \cos\alpha + c \cos\gamma = b \cos\beta$, $a \sin\alpha + c \sin\gamma = b \sin\beta$, und Quadrieren und Addieren liefert, wie auch an anderer Stelle benutzt [8],

$$- a\, d \cos\alpha - a\, c \cos(\alpha + \gamma) + c\, d \cos\gamma = (a^2 - b^2 + c^2 + d^2)/2 \qquad (31.10)$$

oder mit den hier vorliegenden Maßen auch

$$- E \cos\alpha - F \cos(\alpha + \gamma) + G \cos\gamma = \text{const.}, \qquad (31.11)$$

worin

$$E = \mu \sin\varphi_1, \quad F = (\mu - 1)E, \quad G = (\mu - 1)\sin(\varphi_2 - \varphi_1)$$

bedeuten und $E + F = \mu E$ wird.

Differentiation von Gleichung 31.11 liefert

$$+ E \sin\alpha \cdot \alpha' + F \sin(\alpha + \gamma)(\alpha' + 1) - G \sin\gamma = 0, \qquad (31.12)$$

und für $\gamma = 0$, $\alpha = \alpha_o$ folgt daraus

$$\alpha_o' = - F/(E + F) = (1 - \mu)/\mu \quad \text{und} \quad \alpha_o' + 1 = 1/\mu. \qquad (31.13)$$

Differentiiert man Gleichung 31.12 und setzt das Verfahren fort, so erhält man nacheinander die gewünschten Ableitungen, und zwar

$$\alpha_o'' = \frac{\mu - 1}{\mu} \operatorname{ctg}\varphi_1, \quad \alpha_o''' = \frac{(\mu - 1)(2 - \mu)}{\mu^3},$$

während die vierte Ableitung bereits weitläufiger wird:

$$\alpha_o^{(4)} = \frac{\mu - 1}{\mu^4 \sin\varphi_1 \sin\varphi_2} \left[3(\mu - 1) \frac{\cos\varphi_2}{\sin\varphi_1} + \left\{ 6(\mu - 1) - \mu^2 \right\} \sin\varphi_2 \cos\varphi_1 \right]$$
$$(31.14)$$

Geht man nun mit diesen Werten $\alpha_o^{(n)}$ in die Gleichungen für $y_o^{(n)}$ ein, so folgt zunächst, wie zu erwarten, $y_o' = 0$, $y_o'' = 0$ und $y_o''' = 0$ als Bedingung für vierpunktige Berührung, während sich $y_o^{(4)}$ nach einigen Rechnungen zu

$$y_o^{(4)} = \frac{3(\mu-1)D}{\mu^2}\left[(3-2\mu) + \operatorname{ctg}\varphi_1 \operatorname{ctg}\varphi_2\right] \tag{31.15}$$

ergibt.

3.13 Die Bedingung für fünfpunktige Berührung

lautet doch

$y_o^{(4)} = 0$, d.h. aber

$$\begin{aligned}\operatorname{ctg}\varphi_1 \operatorname{ctg}\varphi_2 &= 2\mu - 3 = \varepsilon \\ \text{oder} \quad \operatorname{tg}\varphi_1 \operatorname{tg}\varphi_2 &= 1/(2\mu - 3) = 1/\varepsilon ,\end{aligned} \tag{31.16}$$

vgl. Abbildung 12.

Nun ergibt sich nach längeren Rechnungen für die fünfte Ableitung unter Beachtung von Gleichung 31.16

$$y_o^{(5)} = 15\frac{(\mu-1)^2}{\mu}(\operatorname{ctg}\varphi_1 + \operatorname{ctg}\varphi_2), \tag{31.17}$$

d.h. es liegt eine sechspunktige Geradführung vor, wenn $y_o^{(5)} = 0$, also $\operatorname{ctg}\varphi_1 = -\operatorname{ctg}\varphi_2$ oder $\varphi_2 = \pi - \varphi_1$ ist. Setzt man $\varphi_1 = \varphi$, so lautet also die Bedingung für sechspunktige Geradführung

$$\varphi_2 = \pi - \varphi \quad \text{und} \quad \operatorname{ctg}^2\varphi = 3 - 2\mu; \tag{31.18}$$

d.h., wir haben eine Symmetriestellung, Koppel und Steg verlaufen in der Ausgangsstellung parallel zur Polbahntangente t und es ist a = b, wie an anderer Stelle ausführlich behandelt [1]. Die Bedingung (31.18) kann nur erfüllt werden, sofern $3-2\mu > 0$, also $1 > \frac{3}{2}D$ bleibt[3].

Man kann nun nach Gleichung 31.16 l bzw. μ und einen Winkel, z.B. φ_1 annehmen, dann ist dadurch φ_2 bestimmt. Geometrisch läßt sich der Zusammenhang folgendermaßen deuten: Mache auf n, Abbildung 6a, PK = D, PQ = $\frac{3}{2}$D

---

3. In der zitierten Arbeit [1] war der Abstand der Koppel von P in der Ausgangsstellung mit λD bezeichnet und $\lambda = (1+2x)/2$ gesetzt worden. Dann ist $\mu = 4\lambda/(1+2\lambda) = (1+2x)/(1+x)$, ferner $\lambda = \mu/2(2-\mu)$ und $x = (1-\mu)/(\mu-2)$

und PL = l = μD, ziehe ferner die Kreise vom Durchmesser PL und PL_o, wobei $PL_o = l_o$ ja rechnerisch durch 1 festgelegt ist, vgl. Gl. 31.2, oder auch zeichnerisch ermittelt werden kann, vgl. u., und ziehe unter dem Winkel φ_1 den Strahl, der A und A_o liefert, aber dazu die Parallele durch K, welche die Waagerechte durch Q in R treffen möge. Das Lot von P auf LR liefert den Strahl von der Richtung φ_2 und damit B bzw. B_o oder LR trifft k'_u in B. Denn nach Konstruktion ist

$$QR = \frac{1}{2} D \operatorname{ctg} \varphi_1 = QL \operatorname{tg} \varphi_2 = (1 - \frac{3}{2} D) \operatorname{tg} \varphi_2,$$

oder $\operatorname{ctg} \varphi_1 \operatorname{ctg} \varphi_2 = 2 - 3\mu$; vgl. Abbildung 6a für $1 > \frac{3}{2} D$ und Abbildung 6b für $1 < \frac{3}{2} D$, d.h. für spitzen bzw. stumpfen Winkel φ_2.

3.14 Sonderfälle

Außer dem oben genannten Sonderfall der sechspunktigen Geradführung gibt es noch einige merkwürdige Sonderfälle für die fünfpunktige Geradführung:

3.141 Glied B_oB ist Polbahnnormale

Für $\mu = 3/2$, d.h. wenn Q und L zusammenfallen, gilt $\operatorname{ctg} \varphi_1 \operatorname{ctg} \varphi_2 = 0$, oder bei gegebenem φ_1 muß $\varphi_2 = \pi/2$ werden. Damit fällt auch B mit L zusammen, PB ist Polbahnnormale, außerdem steht in der Ausgangsstellung die Koppel senkrecht zum Glied A_oA, vgl. Abbildung 7a, 7b. Hier wird übrigens $l_o = 3D$, d.h. l und l_o haben die gleichen Werte wie beim rollenden Rad [11]. Die Maße des Getriebes sind einfach mit $\varphi_1 = \varphi$:

$$a = \frac{9}{2} D \sin \varphi, \quad b = \frac{9}{2} D, \quad c = \frac{3}{2} D \cos \varphi, \quad d = 3 D \cos \varphi, \text{ d.h.}$$

$$a:b = \sin \varphi, \quad c:d = 1:2, \text{ ferner } u = D \cos \varphi, \quad v = \frac{1}{2} D \sin \varphi.$$

Eine Viergelenkkette ist dann drehfähig, wenn die Summe aus den Längen des größten und des kleinsten Gliedes kleiner als die Summe der beiden anderen Gliedlängen ist (Satz von GRASHOF). Betrachtet man nun hier die Werte von $\varphi = 0$ bis $\varphi = \pi/2$, so zeigt sich, daß die GRASHOFsche Bedingung nur in dem Bereich $\arcsin 0,8 < \varphi < \pi/2$ erfüllt ist[4]. Ferner kann nach dem Satz von ROBERTS [1, 2, 5, 10] die Koppelkurve der nicht drehfähigen Doppelschwinge, Abbildung 7a, durch zwei weitere nicht drehfähige

---

4. Leicht aus der Proportion $a:b:c:d = 3\sin\varphi : 3 : \cos\varphi : 2\cos\varphi$ zu erkennen; b ist immer die größte Gliedlänge

Doppelschwingen, Abbildung 7c, und die Koppelkurve der drehfähigen Doppelschwinge, Abbildung 7b, durch zwei Kurbelschwingen, Abbildung 7d, erzeugt werden.

3.142 Koppel senkrecht zur Bahntangente

Für $l = 2D$, d.h. $\mu = 2$, wird auch $l_o = 2D$, Abbildung 8, und nach Gleichung 31.16 gilt

$$\text{ctg}\,\varphi_1 \text{ctg}\,\varphi_2 = 1 \quad \text{oder} \quad \varphi_2 = \pi/2 - \varphi_1.$$

Dies bedingt aber nach Abbildung 3, daß AB senkrecht zu t und damit auch senkrecht zur Bahntangente von K steht. Bei angenommenem Wert $\varphi_1 = \varphi$ hat das Getriebe die Maße

$$a = 4D \sin\varphi, \quad b = 4D \cos\varphi, \quad c = d = 2D\cos 2\varphi, \quad u = c/2$$

und $v = 2D \sin\varphi \cos\varphi = D \sin 2\varphi$, wobei $\varphi < \pi/2$ bleiben muß.

Eine ähnliche Untersuchung wie unter 3.141 zeigt, daß die Getriebe nie drehfähig sind.

3.143 Der Koppelpunkt liegt auf der Koppelmittellinie

Diese Bedingung fordert, daß gemäß Gleichung 31.8 hier $v = 0$, d.h. daß
- wie einfache Umformungen zeigen -

$$\text{ctg}\,\varphi_1 \, \text{ctg}\,\varphi_2 = 1 - \mu$$

sein muß. Verbindet man dies mit Gleichung 31.16, so ergibt sich $1-\mu = 2\mu-3$, d.h. $l/D = \mu = 4/3$ und $l_o/D = 4/1$, ferner $\text{ctg}\,\varphi_1 \text{ctg}\,\varphi_2 = -1/3$, vgl. Abbildung 9a. Das Getriebe hat bei angenommenem Wert φ_1 und daraus berechnetem φ_2 die Abmessungen

$$a = \frac{16}{3} D \sin\varphi_1, \quad b = \frac{16}{3} D \sin\varphi_2, \quad c = \frac{4}{3} D \sin(\varphi_2 - \varphi_1),$$

$$d = 4D \sin(\varphi_2 - \varphi_1) \text{ und } u = D \frac{\cos\varphi_1}{\sin\varphi_2}, \quad c-u = \frac{1}{3}D \frac{\sin\varphi_2}{\cos\varphi_1},$$

d.h. beiläufig $u(c-u) = D^2/3$.

Für $\varphi_1 = 60°$ und $\varphi_2 = 120°$ erhält man eine sechspunktige Geradführung, und K liegt auf der Koppelmitte, Abbildung 9b, (Anwendung vgl. [11]).

Im übrigen führt die Frage, wann K auf der Mittelsenkrechten zur Koppel AB liegt, abgesehen von diesem Fall und allgemein $\varphi_1 + \varphi_2 = \pi$ wieder auf $\mu = 2$, vgl. Absatz 3.142. Auf Grund des Satzes von GRASHOF ergibt sich durch ähnliche Untersuchungen wie früher [11], daß die Getriebe nur für $30,7° < \varphi_1 < 79°$ drehfähig sind.

3.144 Der Sonderfall $\mu = 1$

d.h. K ≡ L liefert den Doppelschieber (Kardanbewegung) und ist hier ohne Interesse.

3.15 Überkreuz- und Vierecklage

Die beiden Winkel φ_1 und φ_2 befinden sich beide im ersten Quadranten, sofern $2\mu - 3 > 0$ ist, andernfalls ist einer der beiden Winkel stumpf. Ferner erhalten wir eine Vierecklage in der Ausgangsstellung, wenn $l < D$, d.h. $\mu < 1$ wird, also L entweder innerhalb des Wendekreises sich befindet oder aber in der unteren Halbebene. So ergibt sich z.B. für $\mu = 1/2$, Abbildung 10, $\operatorname{ctg}\varphi_1 \operatorname{ctg}\varphi_2 = -2$ sowie $l_o = (-) D$, d.h. L_o deckt sich mit K ≡ W, und für $\mu = -1$, Abbildung 11, d.h. für den Fall, daß L mit dem Rückkehrpol zusammenfällt, gilt $l_o = D/2$ und $\operatorname{ctg}\varphi_1 \operatorname{ctg}\varphi_2 = -5$. Im übrigen kann die Gleichung 31.16 auch durch ein Nomogramm dargestellt werden, vgl. Abbildung 12, das vor allem einen schnellen Überblick gibt.

3.2 Parallellage

3.21 Maßbeziehungen

Wenn die Glieder A_oA und B_oB parallel verlaufen (eine Stellung, die nur bei der Kurbelschwinge, ihren Sonderfällen und bei nicht drehfähigen Doppelschwingen auftreten kann), also der Momentanpol unendlich fern liegt, Abbildung 13, so ist bekanntlich ([1, 2, 5]) die Polbahntangente t parallel zu A_oA und B_oB und schneidet den Steg in E, die Koppel in F, wobei $EB_o = A_oH = q$, $FB = AH = u$ ist und H den Schnittpunkt von Koppel und Steg, d.h. den Relativpol des Gliedes B_oB gegenüber dem Glied A_oA darstellt. Hierbei ist auch t gleichzeitig der Wendekreis, so daß derjenige Koppelpunkt, der in dieser Lage eine Bahnstelle mit mindestens dreipunktig berührender Tangente beschreibt, auf t liegen muß.

Mit α_o als momentanem Antriebswinkel, γ_o als zugehörigem Koppelwinkel ergeben sich zunächst die folgenden Beziehungen, wie leicht aus Ähnlichkeiten und aus Dreieck AB'B folgt, da BB' = b-a,

$$u = ac/(b-a) = HA = BF \quad , \quad c+u = bc/(b-a) = HB = AF, \qquad (32.1)$$

$$q = ad/(b-a) = HA_o = B_oE \quad , \quad d+q = bd/(b-a) = HB_o = A_oE, \qquad (32.2)$$

$$\sin\gamma_o = \frac{b-a}{c}\sin\alpha_o = \frac{b-a}{d}\sin\delta \,, \quad \sin\delta = \frac{d}{c}\sin\alpha_o, \qquad (32.3)$$

$$c = d\cos\gamma_o + (b-a)\cos\delta \,, \quad a+c\cos\delta = b + d\cos\alpha_o, \qquad (32.4)$$

wobei Winkel $ABB_o = \alpha_o - \gamma_o = \delta$ gesetzt wurde.

3.22 Die Ordinate des Koppelpunktes K

Um in der Ausgangsstellung eine zur x-Achse parallele Tangente der Koppelkurve zu bekommen, wird die y-Achse durch A_oA gelegt, Abbildung 13, und die x-Achse senkrecht dazu durch A_o, so daß diese mit dem Steg den Winkel $\psi = \pi/2 - \alpha_o$ bildet. Die Lage des Koppelpunktes K in der Koppelebene sei nun hier durch die Strecken u = BF und v = FK angegeben, so daß also KF nicht senkrecht zu BF, wohl aber senkrecht zur x-Achse in der Ausgangsstellung steht. Bei einer beliebigen Stellung des Getriebes, gekennzeichnet durch den Winkel α und den Koppelwinkel γ, Abbildung 14, hat dann K die Ordinate

$$y = a\sin(\alpha+\psi) + (c+u)\sin(\gamma+\psi) + v\sin(\gamma+\psi+\delta), \text{ d.h.}$$

$$y = a\cos(\alpha - \alpha_o) + (c+u)\cos(\gamma - \alpha_o) + v\cos(\gamma - \gamma_o), \qquad (32.5)$$

so daß für $\alpha = \alpha_o$ und $\gamma = \gamma_o$ auch $y_o = a + (c+u)\cos\delta + v$ wird.

Zur Ermittlung der höheren Ableitungen sei hier im Gegensatz zu Absatz 3.1 nach dem Winkel α differentiiert, so daß Striche Ableitungen nach α bedeuten. Die Ableitungen von γ nach α ergeben sich dann aus der Beziehung

$$ad\cos\alpha - ac\cos(\alpha-\gamma) + cd\cos\gamma = (a^2+c^2+d^2-b^2)/2, \qquad (32.6)$$

welche ähnlich wie oben (S. 12) durch Quadrieren und Addieren der Werte $b\cos\beta$ und $b\sin\beta$ gemäß

$$a\cos\alpha + c\cos\gamma + b\cos\beta = d, \quad a\sin\alpha + c\sin\gamma + b\sin\beta = 0$$

folgt. So gilt z.B. nach Gleichung 32.6

Forschungsberichte des Wirtschafts- und Verkehrsministeriums Nordrhein-Westfalen

$$- ad \sin\alpha + ac \sin(\alpha - \gamma)(1 - \gamma') - cd \sin\gamma \cdot \gamma' = 0,$$

und für $\alpha = \alpha_o$, $\gamma = \gamma_o$ folgt dann mit Hilfe der Maßbeziehungen oben wie erwartet $\gamma'_o = 0$. Denn γ'_o ist proportional der Winkelgeschwindigkeit der Koppelebene[5], und diese muß, da momentan eine Translation vorliegt, gleich Null werden. Weiterhin folgt

$$\gamma''_o = \frac{a}{d} \frac{b-a}{b \sin\alpha_o} = \frac{a}{c} \frac{b-a}{b \sin\delta}, \qquad (32.7)$$

wobei γ''_o proportional der Winkelbeschleunigung der Koppelebene[5] ist, sofern das Glied $A_o A$ als Kurbel mit konstanter Winkelgeschwindigkeit angetrieben wird. Schließlich folgt noch

$$\gamma'''_o = -3 \frac{a}{d} \frac{a}{b} \frac{b-a}{b\sin\alpha_o} = -3 \frac{a^2}{b^2} \frac{b-a}{c} \frac{\cos\delta}{\sin^2\delta}. \qquad (32.8)$$

Differentiiert man nunmehr y nach α gemäß Gleichung 32.5, so folgt, wie zu erwarten $y'_o = 0$, und $y''_o = 0$ als Bedingung für dreipunktige Berührung und außerdem

$$y'''_o = -3 \frac{a^2}{b} \operatorname{ctg}\delta. \qquad (32.9)$$

Eine vierpunktige Berührung liegt also vor, wenn $\delta = \pi/2$ ist, d.h. $A_o A$ und $B_o B$ senkrecht zur Koppel stehen – in Übereinstimmung mit RODENBERG [18], wonach in der Parallellage die Kreisungspunktkurve in die unendlich ferne Gerade und die Hyperbel durch A und B mit t als der einen Asymptote, insbesondere für $\delta = \pi/2$ in die unendlich ferne Gerade, die Koppelmittellinie und die Polbahntangente t entartet. Hierdurch vereinfachen sich Gleichungen 32.7 und 32.8, d.h. es wird

$$\gamma''_o = \frac{a}{c} \cdot \frac{b-a}{b} \quad \text{und} \quad \gamma'''_o = 0.$$

---

5. Es ist $\omega_{koppel} = \frac{d\gamma}{dt} = \frac{d\gamma}{d\alpha} \cdot \frac{d\alpha}{dt} = \omega \cdot \gamma'$ und

$$\varepsilon_{koppel} = \frac{d^2\gamma}{dt^2} = \frac{d^2\gamma}{d\alpha^2} \cdot \left(\frac{d\alpha}{dt}\right)^2 = \omega^2 \cdot \gamma''$$

Da für die vierte Ableitung von y sich

$$y_o^{(4)} = a - 3(c+u)\cos\delta \cdot \gamma_o''^2 + (c+u)\sin\delta \cdot \gamma_o^{(4)} - 3v\,\gamma_o''^2 \qquad (32.10)$$

ergibt und der längere, hier nicht wiedergegebene Ausdruck für $\gamma^{(4)}$ sich mit $\delta = \frac{\pi}{2}$ und $\alpha = \alpha_o$ bzw. $\gamma = \gamma_o$ zu

$$\gamma_o^{(4)} = \frac{a(b-a)}{c\,b^3}(3ab + 3a^2 - b^2) \qquad (32.11)$$

vereinfacht, hat man jetzt

$$y_o^{(4)} = a - 3v\left(\frac{a}{b}\frac{b-a}{c}\right)^2 + \frac{a}{b^2}(3ab + a^2 - b^2). \qquad (32.12)$$

3.23 Bedingungen für die fünfpunktige Geradführung

3.231 Vierecklage

Eine vierpunktige Berührung forderte hier

$$\delta = \pi/2, \text{ d.h. } \alpha_o = \frac{\pi}{2} + \gamma_o$$

für die als Ausgangspunkt gewählte Vierecklage, Abbildungen 13, 14 und 15a, d.h. die Maßbedingung

$$c^2 + (b-a)^2 = d^2 \text{ und } u = a\,\mathrm{ctg}\,\gamma_o, \qquad (32.13)$$

ferner nach Gleichung 32.12 noch $y_o^{(4)} = 0$, d.h. aber

$$v = c^2(b+a)/(b-a)^2 = c^2(b+a)/(d^2-c^2) \text{ oder}$$

$$v = (b+a)\cdot\left(\frac{c}{b-a}\right)^2 = (b+a)\,\mathrm{ctg}^2\gamma_o. \qquad (32.14)$$

Dieses Ergebnis läßt sich leicht geometrisch deuten, Abbildung 15a, wenn man beachtet, daß $\overline{EF} = b+a$ ist und demnach

$$\overline{EK} = (b+a)+v = (b+a)+(b+a)\mathrm{ctg}^2\gamma_o = (b+a)/\sin^2\gamma_o = \overline{EH}/\sin\gamma_o \qquad (32.15)$$

wird: Die Senkrechte in H zum Steg trifft $t = k_w = k_u$ im gesuchten Punkt K, dessen Koppelkurve Abbildung 15 b zeigt.

3.232 Überkreuzlage

Bei der Überkreuzlage, Abbildung 16a, gilt $\overline{B'B} = b+a$ und ist u als negativ anzusehen. Ferner kann die Bedingung $\cos \delta = 0$ auch durch $\delta = 3\pi/2$ gedeutet werden[6]. Und geht man hiermit in die obigen Entwicklungen hinein, so folgt analog (und zwar formal einfach durch Ersatz von a durch "-a")

$$c^2 + (b+a)^2 = d^2 \quad \text{und} \quad u = (-)a \, \text{ctg} \, \gamma_0 \qquad (32.16)$$

als Maßbedingung und

$$v = (b-a) \cdot \left(\frac{c}{b+a}\right)^2 = (b-a) \, \text{ctg}^2 \, \gamma_0 \qquad (32.17)$$

oder auch

$$\overline{EK} = (b-a) + v = (b-a)/\sin^2 \gamma_0 = \overline{EH}/\sin \gamma_0, \qquad (32.18)$$

d.h. der gesuchte Punkt liegt ebenfalls auf der Senkrechten durch H zum Steg, vgl. auch Abbildung 16b.

Beiläufig sei noch erwähnt, daß der WATTsche Lenker und damit auch der EVANSlenker zu dieser Gruppe gehört.

3.3 Die Totlage

3.31 Maße

In der Totlage entartet, wie oben ausgeführt, die Angelpunktkurve in die Polbahntangente t und einen Kreis vom Durchmesser m, dessen Mittelpunkt auf t liegt und welcher die Polbahnnormale n in P berührt. Die Kreisungspunktkurve zerfällt nicht, aber ihr Krümmungskreis in P, dessen Mittelpunkt auf n liegt, ist hier identisch mit dem Wendekreis (der andere Krümmungskreis in P ist identisch mit dem Kreis vom Durchmesser m). Da Wendekreis und Kreisungspunktkurve sich nicht schneiden (außer im singulären Punkt P, wo sie sich berühren), gibt es also hier zunächst keinen BALLschen Punkt! Wenn jedoch die Angelpunktkurve in die Polbahntangente, in die unendlich ferne Gerade und in die Polbahnnormale zerfällt, d.h. wenn $m = \infty$ ist, so zerfällt auch die Kreisungspunktkurve und zwar in den Wendekreis und die Polbahnnormale. Dann beschreiben also alle Punkte des

---

6. d.h. $\alpha_0 = 3\pi/2 + \gamma_0$

Wendekreises Bahnstellen mit mindestens vierpunktig berührender Tangente.
Jetzt muß das Punktepaar A, A_o auf der Polbahnnormale liegen und kann
B_o beliebig auf der Polbahntangente angenommen werden, um ein Viergelenkgetriebe in der betrachteten Stellung anzugeben, vgl. Abbildung 17.

Gibt man sich den Wendekreis vor, und setzt man die Koppellänge

$$BA = c = \lambda D, \qquad (33.1)$$

so hat nach der EULER-SAVARYschen Formel das Glied $A_o A$ die Länge

$$A_o A = a = \frac{\lambda^2}{1-\lambda} D \qquad (33.2)$$

und hat PA_o die Länge

$$PA_o = c + a = \frac{\lambda}{1-\lambda} D. \qquad (33.3)$$

Die Länge von Steg d und Glied b sind dann nach Wahl des Winkel $\alpha_o =$
$\sphericalangle B_o A_o B$ festgestellt, und zwar durch

$$B_o B = B_o P = b = (c+a) \operatorname{tg} \alpha_o, \quad d = (c+a)/\cos \alpha_o. \qquad (33.4)$$

3.32 Die Ordinate des Koppelpunktes K

Derjenige Koppelpunkt K, welcher in der betrachteten Totlage eine Bahnstelle mit fünf- bzw. sechspunktig berührender Tangente durchlaufen soll, muß auf dem Wendekreis, und zwar zunächst beliebig liegen, da ja K hier auf jeden Fall eine Bahnstelle mit vierpunktig berührender Tangente durchlaufen muß. Die Lage von K sei durch den Winkel φ, Abbildung 17, gekennzeichnet. Dann hat dieser Punkt in der Koppelebene mit $P_K = D \sin \varphi$ die Koordinaten

$$u = c - PK \sin \varphi \quad \text{und} \quad v = PK \cos \varphi, \quad \text{d.h.}$$
$$u = D(\lambda - \sin^2 \varphi) \quad \text{und} \quad v = D \sin \varphi \cos \varphi. \qquad (33.5)$$

Zeichnet man das Getriebe in einer beliebigen Lage und legt durch A_o ein
ξ, η-System, dessen ξ-Achse parallel WK bzw. senkrecht zu PK verläuft, so liest man für die Ordinate η des Koppelpunktes K unter Benutzung des Koppelwinkels γ, Abbildung 18, den Wert

$$\eta = a \sin\left[\alpha - (\varphi + \alpha_o)\right] + u \sin\left[\gamma - (\varphi + \alpha_o)\right]$$
$$+ v \cos\left[\gamma - (\varphi + \alpha_o)\right] \tag{33.6}$$

ab. Dabei ist in der Ausgangsstellung $\alpha = \alpha_o$ und $\gamma = \gamma_o = \alpha_o$, Abbildung 17.

Zur Ermittlung der Ableitungen von η nach α benötigen wir noch die Ableitungen von γ nach α. Wir gewinnen diese aus Gleichung 32.6, welche mit den hier vorliegenden Maßen die Gestalt

$$\lambda \cos\alpha - \lambda(1-\lambda)\cos\alpha_o \cos(\alpha - \gamma) + (1-\lambda)\cos\gamma = \text{const.}$$

hat. Es ergibt sich dann

$$\gamma'_o = -\frac{\lambda}{1-\lambda} = -\frac{a}{c}, \quad 1 - \gamma'_o = \frac{1}{1-\lambda}, \tag{33.7}$$

$$\gamma''_o = 0^{7)}, \quad \gamma'''_o = \frac{\lambda(1-2\lambda)}{(1-\lambda)^3}, \tag{33.8}$$

$$\gamma_o^{(4)} = -\frac{3\lambda^2}{(1-\lambda)^3} \operatorname{ctg}\alpha_o. \tag{33.9}$$

Bildet man hiernach die höheren Ableitungen von η nach α, so werden η'_o, η''_o, η'''_o, wie zu erwarten, gleich Null. Demgegenüber hat $\eta_o^{(4)}$ den Wert

$$\eta_o^{(4)} = \frac{3 D \lambda^2}{(1-\lambda)^3}\left[(1-2\lambda)\sin\varphi - \lambda \frac{\cos\varphi \cos\alpha_o}{\sin\alpha_o}\right]. \tag{33.9}$$

3.33 Bedingungen für fünfpunktige Geradführung

Die Forderung $\eta_o^{(4)} = 0$ führt nach Gleichung 33.9 auf

$$\operatorname{ctg}\varphi \operatorname{ctg}\alpha_o = (1-2\lambda)/\lambda = \epsilon \tag{33.10}$$

als Bedingung für eine fünfpunktige Berührung. Da nach längeren Rechnungen sich für die fünfte Ableitung

---

7. Die Winkelbeschleunigung der Koppelebene wäre hiernach bei konstanter Antriebswinkelgeschwindigkeit $d\alpha/dt$ gleich Null; vgl. a. [13]

$$\eta_o^{(5)} = -15\left(\frac{\lambda}{1-\lambda}\right)^4 \text{ctg}\,\alpha_o \sin\varphi \qquad (33.11)$$

$$= -15\frac{\lambda^3(1-2\lambda)}{(1-\lambda)^4}\sin\varphi\,\text{tg}\,\varphi$$

ergibt, zeigt sich - abgesehen von einem unten zu erörternden Sonderfall - hierfür nicht der Wert Null, d.h., es kann keine sechspunktige, sondern nur eine fünfpunktige Berührung vorliegen.

Die Bedingung (33.10) kann rechnerisch ausgewertet oder aber auch zeichnerisch gedeutet werden: Es ist $w^* = WA_o = D - (c+a) = D(1-2\lambda)/(1-\lambda)$ und $r_o = PA_o = c+a = \lambda D/(1-\lambda)$, also auch nach Gl. 33.10 $\text{ctg}\,\varphi\,\text{ctg}\,\alpha_o = w^*/r_o$ oder nach Einführung des Komplementwinkels δ zu φ, d.h. $\delta = \pi/2 - \varphi$ = ∡ APK, Abbildung 17, auch

$$w^*\,\text{tg}\,\alpha_o = r_o\,\text{ctg}\,\varphi = r_o\,\text{tg}\,\delta, \qquad (33.12)$$

Abbildung 19a. Nimmt man z.B. A auf der Polbahnnormale bei gegebenem Wendekreis an ($PA = c = \lambda D$), so ist A_o nach der EULER-SAVARYschen Formel bestimmt, d.h. es gilt $r_o = \lambda D/(1-\lambda)$, wie oben angegeben. Wird jetzt noch α_o oder b oder d gewählt, so trifft die Verlängerung von $A_o B_o$ die Tangente in W im Punkt Q und schneidet die Parallele zu n durch Q die Parallele zu t durch A_o in Q': Der Strahl PQ' trifft dann den Wendekreis in K. Denn es ist $WQ = w^*\,\text{tg}\,\alpha_o = A_o Q' = r_o\,\text{tg}\,\delta$. Abbildung 19b zeigt das Getriebe in beliebiger Stellung nebst der von K beschriebenen Koppelkurve.

Zur Diskussion der Gleichung 33.10 ist auch das Vorzeichen von α_o zu beachten: Hat man AA_o durch eine Drehung im Uhrzeigersinn in die Lage $A_o B_o$ zu drehen, so ist α_o als positiv, andernfalls als negativ anzusehen. Dann lassen sich vier Fälle unterscheiden, vgl. Abbildung 21, die folgende Tabelle, Abbildung 22a, 22b und 23a, 23b, wobei zur Ermittlung der Lage von K auch die Rechnung herangezogen wurde.

Im übrigen sollte man möglichst Werte von φ in der Nähe von Null oder 180° vermeiden, damit der Punkt K nicht zu dicht beim Punkt B liegt und infolgedessen eine schlechte, d.h. sehr kurze Geradführung liefert.

Da Gleichung 33.10 einen ähnlichen Aufbau wie Gleichung 31.16 hat, läßt sich zum schnellen Überblick das dort gezeigte Nomogramm, Abbildung 12, auch benutzen: Es ist nur dort φ_1 durch φ, φ_2 durch α_o bzw. $(\pi - \alpha_o)$, wenn α_o negativ, und μ durch $\mu = (1+\lambda)/2\lambda$ zu ersetzen.

Tabelle über die Zuordnung bei der Totlage[8]

Ziffer	Bereich von $\lambda = \frac{a}{b}$	Lage von A	Lage von A_o	α_o	φ	Abbildung
I	$0 < \lambda < \frac{1}{2}$ $\varepsilon > 0$	Innerhalb des Halbwendekreises	Zwischen Halb- u. Wendekreis selbst	positiv	spitz	19 a/b
II	$\frac{1}{2} < \lambda < 1$ $\varepsilon < 0$	Zwischen Halb- u. Wendekreis selbst	außerhalb Wendekreis, obere Halbebene	positiv	stumpf	20 a/b
III	$1 < \lambda$ $\varepsilon < 0$	außerhalb Wendekreis obere Halbebene	untere Halbebene außerhalb Rückkehrkreis	negativ	spitz	22 a/b
IV	$\lambda < 0$ $\varepsilon < 0$	untere Halbebene	innerhalb des Rückkehrkreises	positiv	stumpf	23 a/b

3.34 Sonderfälle

3.341 Die Schubkurbel

Für einen angenommenen Wert $\alpha_o = \pi/2$ rückt in Abbildung 17 der Punkt B_o ins Unendliche, d.h. es entsteht eine Schubkurbel mit geradgeführtem Punkt B. Weiterhin fordert die Bedingung 33.10 mit $\operatorname{ctg} \alpha_o = 0$, daß dann $1 - 2\lambda = 0$, also $\lambda = 1/2$ sein muß. Es bewegt sich also B auf einer Geraden, der Polbahnnormale, und es ist $c = a$, d.h. wir haben den zentrischen gleichschenkligen Schubkurbeltrieb, Abbildung 24, bei dem der Wendekreis ja bekanntlich mit dem kleinen Kardankreis zusammenfällt. Jeder Punkt K auf dem Wendekreis beschreibt dann einen doppelt zählenden Durchmesser - unabhängig von φ, d.h. es liegt eine reine Geradführung vor!

---
8. Vgl. a. [1]

3.342 Gleichschenkliges Getriebe

Hierbei interessiert zunächst der Fall, daß a = c wird. Dies ist nur möglich für λ = 1/2, und die Gleichung 33.10 ist außer für α_o = $\pi/2$ (vgl. 3.341) nur noch für φ = $\pi/2$ erfüllt, und man erhält das Getriebe nach Abbildung 25, wobei K in der Ausgangslage mit dem Wendepol W zusammenfällt und wobei eine symmetrische Koppelkurve beschrieben wird, also auch zwei Geradführungen vorliegen. Bemerkenswert ist hierbei das Folgende: Geht man vom gleichschenkligen zentrischen Schubkurbeltrieb aus, so beschreibt B wie alle Punkte von k_w eine genaue Gerade. Führt man aber jetzt B auf einem Kreisbogen, dessen Mittelpunkt B_o auf der Mittelsenkrechten zu der vorher geraden Bahn von B liegt, so beschreiben die Punkte auf k_w nur noch Bahnstellen mit vierpunktig berührender Tangente, aber der Punkt K auf der Koppel (φ = $\pi/2$, d.h. δ = 0) eine Bahnstelle mit fünfpunktig berührender Tangente - ganz gleich, wie groß b angenommen wird. Wenn b = c sein soll, muß nach Gleichung 33.4 und 33.1 doch tg α_o = 1- λ = (D-c)/D sein, wodurch dann auch ctg φ = (1-2λ)(1-λ)/λ bestimmt ist. Besonderheiten ergeben sich hierbei nicht.

3.343 Die Kurbelschleife

Die Kurbelschleife befindet sich in der Totlage, wenn der Momentanpol P im Unendlichen liegt. Die spezielle Untersuchung für dieses Getriebe in dieser Stellung zeigt jedoch, daß es dann keinen im Endlichen gelegenen Koppelpunkt mit vierpunktig berührender Bahntangente, also erst recht keinen solchen mit fünfpunktig berührender Bahntangente gibt[9].

3.35 Drehfähigkeit

Am Rande interessiert noch, wann das betrachtete Getriebe eine Kurbelschwinge oder eine drehfähige Doppelschwinge darstellt. Im letzteren Fall können für die Bahn von K auf Grund des Satzes von ROBERTS über die dreifache Erzeugung ([1] u. [10]) der Koppelkurve[10] noch zwei Kurbelschwingen angegeben werden. Die Drehfähigkeit verlangt (da ja die Doppelkurbel, die keine Totlage aufweist, hier ausscheidet), daß entweder das Glied $A_o A$ = a Kurbel und das kleinste Glied ist (Kurbelschwinge), oder daß die Koppel das kleinste Glied darstellt (Doppelschwinge), wobei in jedem Fall nach

---
9. Der Wert λ = 1 scheidet aus, da er eine geschränkte Schubschwinge mit c = e in der Verzweigungslage liefert
10. Vgl. a. Abs. 3.4

dem Satz von GRASHOF die Summe aus dem größten und dem kleinsten Glied kleiner als die Summe aus den beiden anderen Gliedern sein muß.

3.351 $A_o A$ = kleinstes Glied

Sofern λ einen positiven Wert wie in Abbildung 17 hat, also A und A_o in der oberen Halbebene liegen, ist d das größte Glied und damit a < c ist, muß nach Gleichung 33.1 und 2 auch λ < 1/2, also A_o noch innerhalb des Wendekreises bleiben, vgl. a. Abbildung 19. Ferner fordert b > a nach Gleichung 33.2 und 4, daß

$$tg\,\alpha_o > \lambda \qquad (33.13)$$

gewählt wird. Schließlich führt die GRASHOFsche Bedingung d+a < b+c oder d-b < c-a mit den Gleichungen 33.1 bis 33.4 nach einigen Umformungen auf

$$tg(\frac{\pi}{4} - \frac{\alpha_o}{2}) < 1 - 2\lambda, \qquad (33.14)$$

wobei $\pi/4 - \alpha_o/2 = \beta_o/2$ ist, wenn $\sphericalangle BB_oA_o$ mit β_o bezeichnet wird. Die Bedingung 33.13 ist im übrigen, wie leicht rechnerisch nachgewiesen werden kann, auf jeden Fall dann erfüllt, wenn Gleichung 33.14 erfüllt ist.

Hat einen negativen Wert, d.h. befinden sich A und A_o in der unteren Halbebene, vgl. Abbildung 23, so setze man $\lambda = -\bar{\lambda}$: Es wird $c = \bar{\lambda} D$ und $a = D \bar{\lambda}^2/(1+\bar{\lambda})$, und die Bedingung a < c ist für jedes positive $\bar{\lambda}$ erfüllt. Dazu kommt noch wie oben die Bedingung

$$tg\,\alpha_o > \bar{\lambda}. \qquad (33.15)$$

3.352 Koppel AB = kleinstes Glied

Hierbei mögen sich zunächst A und A_o in der oberen Halbebene befinden, d.h. es sei $\lambda > 1$, Abbildung 20. Dann fordert die Bedingung c < a, daß $1 > \lambda > 1/2$ sein muß. Und in ähnlicher Weise wie oben ergibt sich die Bedingung

$$tg\,\alpha_o > 1 - \lambda \qquad (33.16)$$

neben

$$tg(\frac{\pi}{4} - \frac{\alpha_o}{2}) < 2\lambda - 1, \qquad (33.17)$$

wobei die zweite Bedingung die erste mit einschließt.

Befindet sich jedoch A in der oberen Halbebene und A_o in der unteren Halbebene, d.h. ist $\lambda > 1$, Abbildung 22, so muß

$$\operatorname{tg} \alpha_o > \lambda - 1 \quad \text{und} \quad \cos \alpha_o < 1/\lambda \tag{33.18}$$

sein, wenn d das größte Glied ist, und

$$\operatorname{tg} \alpha_o > \lambda - 1 \quad \text{und} \quad \cos \alpha_o > 1/\lambda \tag{33.19}$$

mit der Nebenbedingung

$$\operatorname{tg}\left(\frac{\pi}{4} - \frac{\alpha_o}{2}\right) < \frac{1}{2\lambda - 1} \tag{33.20}$$

gelten, sofern a das größte Glied ist.

3.36 Gegebener Steg

Die Drehfähigkeit der Getriebe läßt sich besser übersehen, wenn man vom gegebenen Steg ausgeht. Dann liegen die möglichen Punkte B ≡ P auf dem Halbkreis über dem Steg $A_o B_o$ als Durchmesser und auf $A_o P$ kann der Punkt A gewählt werden. Die Ermittlung des Wendekreises liefert dann auf Grund der oben gegebenen Bedingungen den gesuchten Koppelpunkt K. Im einzelnen müssen wieder die verschiedenen Lagen von A beachtet werden:

3.361 Glied $A_o A$ ist das kleinste Glied

Zunächst mögen wie oben A und A_o in der oberen Halbebene liegen, Abbildung 26. Damit a < c bleibt, muß, da c = d $\cos \alpha_o$ - a gilt, doch $a < \frac{d}{2} \cos \alpha_o$ bleiben. Ferner führt die GRASHOFsche Bedingung d+a < c+b oder d+a < (d $\cos \alpha_o$ -a) + d $\sin \alpha_o$ auf

$$a < \frac{d}{2} \sqrt{2} \cos\left(\alpha_o - \frac{\pi}{4}\right) - \frac{d}{2} = r_1 - r_2.$$

Hierbei stellt $r_1 = r_1(\alpha_o)$ die Gleichung eines Kreises II in Polarkoordinaten dar, welcher durch A_o und die Mitte M_d von d geht und dessen Mittelpunkt in dem Scheitel des Kreises I liegt, der $A_o M_d$ als Durchmesser faßt. Ferner ist r_2 die Gleichung des Kreises III um A_o mit d/2 (also durch M_d). Es ist, Abbildung 26, a kleiner als die Strecke VX zu wählen, damit die zweite Bedingung erfüllt wird. Die erste, welche besagt, daß $a < A_o U$ sein muß, ist mit der zweiten Bedingung zugleich erfüllt. Würde man die Strecken $r_1 - r_2$ = VX von A_o aus auf den Strahlen vom Polarwinkel α_o auftragen, so ergäbe sich als Grenzkurve beiläufig eine Pascalsche Kurve.

Um nun den zugehörigen Koppelpunkt K zu finden, könnte man z.B. nach der HARTMANNschen Konstruktion den Wendepol, damit den Wendekreis finden und hiernach den Punkt K, wie oben beschrieben, konstruieren. Da die Konstruktion umständlich und auch ungenau werden kann, ist es vorteilhaft, die Rechnung zu benutzen:

Führt man für a/c vorübergehend den Parameter μ ein, so wird $\mu = \lambda/(1-\lambda)$ und sonach $\lambda = \mu/(1+\mu)$, ferner $D = c/\lambda = c(1+1/\mu) = c(c+a)/a$. Damit erhält die Bedingung 33.10 die Form

$$\operatorname{ctg}\varphi = \operatorname{tg}\delta = (1/\mu - 1)\operatorname{tg}\alpha_o \qquad (33.21)$$

und die Strecke $PK = D \sin\varphi$ kann zu $PK = c(1/\mu + 1)\sin\varphi = c(c/a + 1)\sin\varphi$ berechnet werden.

Liegt nun aber A wie A_o in der unteren Halbebene ($\lambda = -\bar{\lambda}$, vgl. oben), Abbildung 23, so kann $A_oA = a$ immer als kleinstes Glied gewählt werden, und dann ist das Getriebe immer drehfähig. Statt der Zeichnung kann auch hier die Rechnung benutzt werden, wobei dann mit $a/c = \mu$ sich $D = c(1/\mu - 1) = c(c-a)/a$ ergibt und ferner

$$\operatorname{ctg}\varphi \operatorname{ctg}\alpha_o = -(1+\mu)/\mu \qquad (33.22)$$

erfüllt, d.h. φ größer als 90° bzw. δ negativ sein muß. Die Koppelstrecke PK wird $PK = D\sin\varphi = c(1/\mu - 1)\sin\varphi = c(c/a - 1)\sin\varphi$.

3.362 Die Koppel sei das kleinste Glied

Befinden sich A und A_o in der oberen Halbebene, so muß $c < a$ und $1 > \lambda > 1/2$ sein, d.h. $\mu > 1$, vgl. o. Ferner gilt nach GRASHOF, da d das größte Glied, $c + d < a + b$ oder $(d\cos\alpha_o - a) + d < a + d\sin\alpha_o$ oder umgeformt

$$\frac{d}{2}\sqrt{2}\cos(\frac{\pi}{4} + \alpha_o) + \frac{d}{2} < a.$$

Wenn aber A in der oberen, A_o in der unteren Halbebene liegt, so gilt formal rechnerisch

$$\operatorname{ctg}\varphi \operatorname{ctg}\alpha_o = -(1+\mu)/\mu, \mu > 1, \qquad (33.23)$$

$$PK = D\sin\varphi = c(1 - 1/\mu)\sin\varphi = c(1 - c/a)\sin\varphi.$$

Soll dann d das größte Glied sein, so muß $a < d(1 + \cos\alpha_o)$ gewählt werden.

Forschungsberichte des Wirtschafts- und Verkehrsministeriums Nordrhein-Westfalen

Soll aber a das größte Glied sein, so muß neben a $>$ d noch die Bedingung

$$a < \frac{d}{2} + \frac{d}{2}\sqrt{2} \cos(\alpha_o - \frac{\pi}{4})$$

erfüllt sein. Es sollte jedoch, wie oben bereits erwähnt, der Koppelpunkt K nicht zu nahe am Punkt B liegen.

3.4 Die Steglage

3.41 Besonderheiten

Die Steglage stellt die kinematische Umkehrung der Totlage dar, d.h. z.B. bei der Kurbelschwinge, daß die Kurbel A_oA auf dem Steg liegt, also der Momentanpol P mit dem Drehpunkt B_o zusammenfällt. Dann entartet die Kreisungspunktkurve, Abbildung 27, in die Polbahntangente t und einen Kreis k''_u, dessen Mittelpunkt auf t liegt und welcher n in P berührt (umgekehrte Kardanlage [9, 13]). Die Angelpunktkurve k_a entartet hierbei nicht. Der BALLsche Punkt K ist dann der Schnittpunkt des Wendekreises und des Kreises k''_u. Man könnte nun hier wie in den vorhergehenden Abschnitten die Gleichung der Bahn des Punktes K bzw. seine Ordinate angeben und daraus durch Differentiieren die Bedingungen für fünf- oder sechspunktige Geradführung gewinnen. Dieser Weg ist hier etwas langwierig und auch vermeidbar unter Benutzung des Satzes von ROBERTS ([1, 10]).

3.42 Der Satz von ROBERTS

Bei der in Absatz 3.1 betrachteten Getriebestellung waren Koppel und Steg parallel. Nun liefert die Anwendung des Satzes von ROBERTS aber zwei weitere Getriebe, welche die gleiche Koppelkurve erzeugen, sich jedoch dann in der Steglage befinden - und wenn das Ausgangsgetriebe eine drehfähige Doppelschwinge war, so sind die beiden anderen Getriebe Kurbelschwingen. Geht man dann von den Daten der ersten Stellung des ersten Getriebes über zu den Daten der zweiten Stellung, d.h. der Steglage, so hat man die Bedingungen für diese Lage gefunden.

Im einzelnen ergibt der Satz von ROBERTS aus dem Getriebe $A_{1o}A_1B_1B_{1o}$, Abbildung 28, mit dem Koppelpunkt K, wobei Koppel und Steg parallel sind, das Getriebe A_oABB_o (und noch ein weiteres, hier nicht angegebenes Getriebe). Es ist Dreieck $A_{1o}B_oB_{1o}$ ähnlich Dreieck A_1B_1K und A_o identisch A_{1o}. Ferner ist A_oA_1KA ein Parallelogramm und Dreieck AKB ähnlich Dreieck

Seite 29

Forschungsberichte des Wirtschafts- und Verkehrsministeriums Nordrhein-Westfalen

A_1B_1K. Die Glieder $A_{10}A_1$ und $B_{10}B_1$ bilden mit der Polbahntangente t_1 die Winkel φ_{10} und φ_{20} (in Abs. 3.1 mit φ_1 und φ_2 bezeichnet). Dann liegt für das neue Getriebe das Glied B_oB auf der Polbahntangente t, $B_o = P$, und bildet der Polstrahl PA mit t den Winkel φ_{10}, hier weiter mit φ bezeichnet, ferner die Koppel BA mit dem Steg bzw. dem Polstrahl AP den Winkel $\pi - \varphi_{20}$, hier mit γ bezeichnet. Der Kreis k_u'' hat den Durchmesser PM, wobei M auf t liegt und MA senkrecht zu PA ist. Der Wendepol W des neuen Getriebes muß einerseits auf der Polbahnnormale senkrecht B_oB, andererseits auf dem Strahl MK liegen, so daß somit alle kennzeichnenden Größen des neuen Getriebes, des Ersatzgetriebes hinsichtlich der Koppelkurve, bekannt sind.

3.43 Die Transformation der Bedingungen

Geht man jetzt vom gegebenen Wendekreis k_w vom Durchmesser D und dem Kreis k_u'' vom Durchmesser m, bzw. vom Verhältnis

$$z = m/D = \operatorname{tg} \varphi_k, \quad \varphi_k = \sphericalangle MPK = \sphericalangle KWP = \sphericalangle MAK$$

aus, so muß die Bedingung aus Gleichung 31.16 jetzt durch φ_k bzw. z und durch die Winkel φ und γ ausgedrückt werden.

Nach Abbildung 28 folgt, da Dreieck AKB ähnlich Dreieck A_1B_1K ist,

$$\sphericalangle BAK = \varepsilon = (\pi - \varphi_{20}) - (\tfrac{\pi}{2} - \varphi_k) = \tfrac{\pi}{2} + \varphi_k - \varphi_{20},$$

also
$$\operatorname{tg} \varepsilon = \frac{1 + \operatorname{tg}\varphi_{20} \operatorname{tg}\varphi_k}{\operatorname{tg}\varphi_{20} - \operatorname{tg}\varphi_k}. \tag{34.1}$$

Andererseits ist gemäß Gleichung 31.7 und 8, zweite Form, und Abbildung 4 doch $\operatorname{tg} \varepsilon = v/u$ oder nach einigen Umformungen

$$\operatorname{tg} \varepsilon = \frac{3\mu - 4}{\operatorname{ctg}\varphi_{10} - (\mu-1)\operatorname{ctg}\varphi_{20}}, \tag{34.2}$$

wobei auch von Gleichung 31.16 Gebrauch gemacht wurde. Setzt man die Werte $\operatorname{tg} \varepsilon$ aus Gleichung 34.1 und 34.2 einander gleich, so kann der Parameter μ durch φ_k, φ_{10} und φ_{20} ausgedrückt werden. Geht man nun mit dem so gefundenen Wert μ in die Gleichung 31.16 ein, welche ja hier mit

$\varphi_{10} = \varphi$ und $\varphi_{20} = \pi - \gamma$ die Form

$$\operatorname{ctg}\varphi_{10}\,\operatorname{ctg}\varphi_{20} = 2\mu - 3 \quad \text{oder} \quad \operatorname{ctg}\varphi\,\operatorname{ctg}\gamma = 3 - 2\mu \tag{34.3}$$

erhält, so folgt schließlich die einfache Bedingung

$$\operatorname{tg}\varphi - \operatorname{ctg}\gamma = 2\,\operatorname{tg}\varphi_k \quad (=2z) \tag{34.4}$$

für eine fünfpunktig berührende Tangente.

3.44 Maße

Dieser etwas unhandlichen Bedingung läßt sich eine sehr einfache Deutung geben, wenn man noch den Winkel $ABB_o = \delta = \pi - (\varphi + \gamma)$ einführt und die Länge von $BB_o = b$ berechnet: Aus Dreieck ABP folgt nach dem sinus-Satz

$$b : \overline{AP} = \sin\gamma : \sin\delta \quad \text{oder mit } \overline{AP} = m\cos\varphi \text{ auch}$$

$$b = \frac{m\cos\varphi\,\sin\gamma}{\sin\delta} \quad \text{oder mit } m/D = z \text{ auch}$$

$$\frac{b}{D} = z\,\frac{\cos\varphi\,\sin\gamma}{\sin\delta} \quad \text{und unter Einführung der Bedingung 34.4}$$

$$\frac{b}{D} = \frac{1}{2}\,\frac{(\operatorname{tg}\varphi - \operatorname{ctg}\gamma)\cos\varphi\,\sin\gamma}{\sin\delta} =$$

$$= -\frac{1}{2}\,\frac{\cos(\varphi+\gamma)}{\sin(\varphi+\gamma)} = \frac{1}{2}\operatorname{ctg}\delta$$

oder anders geschrieben

$$b\,\operatorname{tg}\delta = \frac{1}{2}D. \tag{34.5}$$

Diese Bedingung bedeutet aber, daß die Verlängerung von BA die Polbahnnormale n im Mittelpunkt M_r des Rückkehrkreises trifft, Abbildung 29a.

Gibt man sich also Wendekreis und entartete Kreisungspunktkurve k_u'' (Kreis über PM als Durchmesser) vor, so beschreibt ihr Schnittpunkt K nur dann eine Bahnstelle mit mindestens fünfpunktig berührender Tangente, wenn die Verbindung des in der Steglage auf t liegenden Punktes B mit dem Koppelendpunkt A die Polbahnnormale im Mittelpunkt M_r des Rückkehrkreises trifft ($M_r P = D/2$), Abbildung 29a, 29b. Aus $PA = m \cos \varphi$ läßt sich dann gemäß der EULER-SAVARYschen Formel $PA_o = d$ und $A_o A = a$ rechnerisch oder zeichnerisch, Abbildung 29c, ermitteln.

3.45 Die Hauptlagen

Gibt man sich Wendekreis und Kreis k_u'' vor, so kann man A auf k_u'' wählen, verbindet A mit M_r und erhält dadurch B, während ja A_o bereits durch A, wie soeben erwähnt, festgelegt ist. Hierbei sind drei wesentliche Lagen vorhanden:

3.451 K o p p e l p u n k t A i n d e r u n t e r e n H a l b e b e n e,

d.h. auf dem Bogen PM (ausschließlich K!), wie in Abbildung 28 und 29a, 29b dargestellt. Auch A_o befindet sich in der unteren Halbebene. Wenn hierbei m/2 größer als D/2 ist, also φ_k größer als $45°$ wird, so kann auch B auf der anderen Seite der Polbahntangente liegen.

3.452 K o p p e l p u n k t A i n d e r o b e r e n H a l b e b e n e, a b e r i n n e r h a l b d e s W e n d e k r e i s e s,

d.h. auf dem Bogen PK. Dann befindet sich auch Punkt A_o in der oberen Halbebene, Abbildung 30a, 30b, wobei der Grenzfall A = K auf eine Schubschwinge führt, also K eine genaue Gerade beschreibt.

3.453 K o p p e l p u n k t A i n d e r o b e r e n H a l b e b e n e, a b e r a u ß e r h a l b d e s W e n d e k r e i s e s,

d.h. auf dem Bogen KM. Dann liegt A_o in der unteren Halbebene, Abbildung 31a, 31b. Wenn B nach M fällt, ergeben sich keine Besonderheiten.

3.46 Sonderfälle

Bemerkenswert sind noch die folgenden Sonderfälle:

3.461 S e c h s p u n k t i g e B e r ü h r u n g

Die Bedingung für sechspunktige Berührung war nach Absatz 3.1 noch zusätzlich durch $\varphi_{2o} = \pi - \varphi_{1o}$ bestimmt. Das bedeutet aber für die Steglage, daß Dreieck ABB_o gleichschenklig ist, also B mit dem Mittelpunkt von k_u''

Forschungsberichte des Wirtschafts- und Verkehrsministeriums Nordrhein-Westfalen
___

zusammenfällt, Abbildung 32a, 32b. Auch wird $BK = c = b = m/2$ und δ hat den Wert $\delta = \pi/2 - \varphi_k$, sonach $\gamma = \varphi = \frac{1}{2}(\frac{\pi}{2} + \varphi_k)$ und $PA = m \cos\varphi$. So führt die sechspunktige Berührung für den Fall, daß K auf der Koppel A_1B_1 des Ausgangsgetriebes liegt [11], auf $\varphi_k = \pi/6$ und $\delta = \gamma = \varphi = \pi/3$ und $d = 3b/4$, $a = b/4$ und $c = b$; vgl. a. Absatz 3.453.

3.462 K u r b e l s c h l e i f e

Bei einer Kurbelschleife geht der Schwingenendpunkt B nach , d.h. es muß der Strahl M_rA parallel der Polbahntangente t verlaufen, Abbildung 33 a und 33b[11]. Diese Parallele trifft aber den Kreis k_u'' nur dann, wenn $D/2 \leq m/2$, also

$$D \leq m \quad \text{oder} \quad \varphi_k \geq \pi/4$$

bleibt. Die Kurbellänge A_oA ergibt sich wieder in üblicher Weise, und die durch den Punkt B_o gleitende Gerade g fällt in der Ausgangsstellung mit der Polbahnnormale n zusammen. Die Exzentrizität der geschränkten Kurbelschleife beträgt $M_rA = e = \overline{PA} \cos\varphi = m \cos^2\varphi$. Da nach Abbildung 33a doch $PM_r = D/2 = m \cos\varphi \sin\varphi$ sein muß, lautet die für den Winkel φ bei gegebenem φ_k geltende Bestimmungsgleichung

$$\sin 2\varphi = \operatorname{ctg}\varphi_k,$$

und es errechnen sich beiläufig dann Steg $A_oB_o = d$ und Glied $A_oA = a$ zu

$$d = D \sin\varphi/(1+2\sin^2\varphi) \quad \text{und} \quad a = m \cos\varphi/(1+2\sin^2\varphi).$$

Da die Parallele zu t durch M_r den Kreis k_u'' zweimal schneidet bzw. berühren kann, gibt es bei gegebenem φ_k zwei Werte φ, welche eine geschränkte Kurbelschleife liefern.

3.463 m u n e n d l i c h g r o ß

Läßt man den Kreis k_u'' bei gegebenem Wendekreis immer größer und größer werden, so nähert sich der Punkt A immer mehr der Polbahnnormale, d.h. für $m \longrightarrow \infty$ geht k_u'' in die Polbahnnormale n[12], der Punkt A in den Punkt M_r,

___
11. Es ist nur ein Teil der Koppelkurve angegeben
12. Es zerfällt hier die Kreisungspunktkurve in t, n und die unendlich ferne Gerade

den Mittelpunkt des Rückkehrkreises und K in den Wendepol W über. Die Steglage bleibt erhalten, und es kann B beliebig auf t angenommen werden, Abbildung 34a, 34b. Da hier $\varphi = \pi/2$ und $PA = D/2$ gilt, liefert die EULER-SAVARYsche Formel die einfachen Maße $d = PA_o = A_o B_o = D/3$, $a = AA_o = D/6$, b beliebig, $AK = 3D/2$, oder auch $a : d = 1 : 2$ und $AK = 9a = 9d/2$. Man hat hierbei eine drehfähige Kurbelschwinge, wenn, wie die GRASHOFsche Bedingung wieder liefert, b größer als 2a ist! Der Koppelpunkt K, hier $\equiv W$, beschreibt eine Koppelkurve mit fünfpunktig berührender Tangente.

Läßt man nun wieder B nach Unendlich gehen, so erhält man eine zentrische Kurbelschleife, Abbildung 35a, 35b, mit gleichen Werten für $a : d$ und AK wie soeben - aber jetzt beschreibt Punkt K eine Koppelkurve mit sechspunktig berührender Tangente. Denn die Parallele durch $A = \bar{M}_r$ zur Polbahntangente trifft diese im Mittelpunkt des zur Geraden n entarteten Kreises k_u'', d.h. im unendlich fernen Punkt - ganz in Übereinstimmung mit Absatz 3.461[13].

4. Zusammenfassung

In der vorliegenden Arbeit wurden die Abmessungen derjenigen Viergelenkgetriebe angegeben, bei welchen ein bestimmter, leicht anzugebender Koppelpunkt eine Koppelkurve mit fünf- oder sechspunktig berührender Tangente beschreibt, d.h. eine fünf- oder sechspunktige Geradführung liefert. Die Maßbeziehungen und die Bedingungen haben recht einfache Formen, auch können sie zeichnerisch leicht gedeutet und nomographisch einfach dargestellt werden. Es ergaben sich im Allgemeinen gute Geradführungen (bis auf wenige Fälle bei der Totlage). Als Sonderstellungen wurden solche gewählt, bei welchen entweder zwei Glieder einander parallel sind (Abs. 3.1 und 3.2) oder zwei Glieder in einer Richtung liegen (Abs. 3.3 und 3.4). Hierdurch ist dem Konstrukteur eine Vielfalt von Geradführungen in die Hand gegeben, zumal die betrachteten Stellungen sehr einfach zu verwirklichen sind. Hierbei wurde auch der Drehfähigkeit, d.h. dem Satz von GRASHOF besondere Beachtung geschenkt. Sonderfälle der Stellung unter Absatz 3.1 stimmen mit den an anderer Stelle behandelten Getrieben überein [11].

Prof. Dr.-Ing. W. MEYER zur CAPELLEN

---

13. Hinsichtlich einer unmittelbaren Herleitung vgl. [14] und hinsichtlich der Anwendungen vgl. [12] u. [16]

5. Literaturverzeichnis

[1] BEYER, R. — Kinematische Getriebesynthese. Berlin/Göttingen Heidelberg 1953

[2] HAIN, K. — Angewandte Getriebelehre, H. Schroedel Verl. Hannover 1952

[3] KRAUS, R. — Geradführungen durch das Gelenkviereck. VDI-Verlag Düsseldorf 1955

[4] MÜLLER, R. — a) Beiträge zur Theorie des ebenen Gelenkvierecks. In "Festschrift der Herzogl. Techn. Hochschule Carola-Wilhelmina. Braunschweig 1897

b) Über die angenäherte Geradführung mit Hilfe eines ebenen Gelenkvierecks. Z.Math.Phys. Bd. 43 (1898) 36-40

c) Die Koppelkurve mit sechspunktig berührender Tangente. Z.Math.Phys. Bd. 46 (1901) 320-342

[5] MÜLLER, R. — Einführung in die theoretische Kinematik. Berlin 1932

[6] MEYER zur CAPELLEN, W. — Die Abbildung durch die EULER-SAVARYsche Formel. Z.angew.Math. Mech. Bd. 17 (1937) 288-295

[7] ders. — Nomogramme zur EULER-SAVARYschen Formel. Getriebetechnik Bd. 9 (1941) 489-492

[8] ders. — Getriebependel. Z.Instrkde Bd. 55 (1935) 393-407, 437-448. - II. Mitteilung. Bd. 61 (1941) 489-492. - III. Mitteilung. Bd. 62 (1942) 123-138

[9] ders. — Die Bahn des Momentanpols und die Kardanlage. Ing.-Arch. Bd. 17 (1949) 308-317

[10] ders. — Bemerkungen zum Satz v. ROBERTS über die dreifache Erzeugung d. Koppelkurven. Konstr. Bd.8 (1956) 268-270

11	ders.	Der Zykloidenlenker und seine Weiterentwicklung. Konstr. Bd. 8 (1956) 510-518
12	ders.	Kinematik und Dynamik der Kurbelschleife. Werkstatt und Betrieb Bd. 89 (1956) 581-584, 677-683
13	ders.	Die Extrema der Geschwindigkeiten an Kurbeltrieben. Ing.Arch. Bd. 25 (1957) 140-154
14	ders.	Der Konchoidenlenker für sechs unendlich benachbarte Lagen. Z.angew.Math.Mech. Bd. 36 (1957)
15	ders.	Die Kurbelschleife zweiter Art. Werkstatt und Betrieb Bd. 90 (1957) 306-308
16	ders. und RANKERS, H.	Kurbelschleifenrastgetriebe. Werkstatt und Betrieb, erscheint demnächst
17	SIEKER, K.H.	Einfache Getriebe. Akad.Verl.-Anst. 1950
18	RODENBERG, C.	Die Bestimmung der Kreispunktkurven eines ebenen Gelenkvierseits. Z.Math.Phys. Bd. 36 (1891) 267

Anhang

Forschungsberichte des Wirtschafts- und Verkehrsministeriums Nordrhein-Westfalen

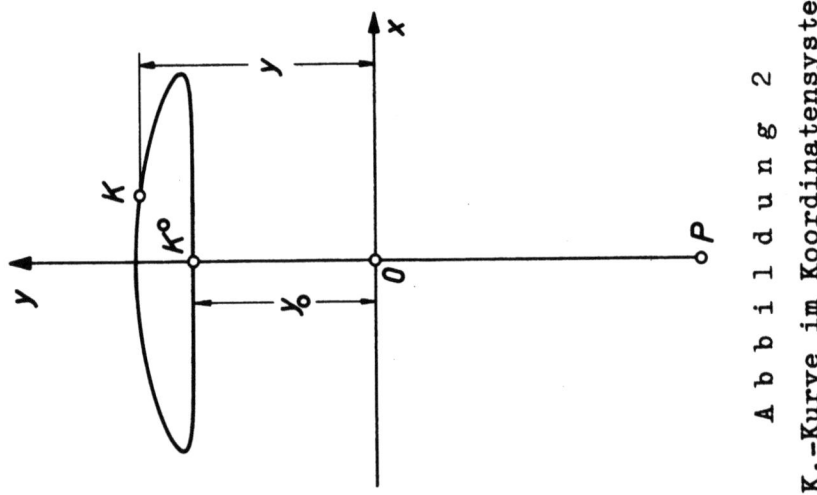

Abbildung 2
K.-Kurve im Koordinatensystem

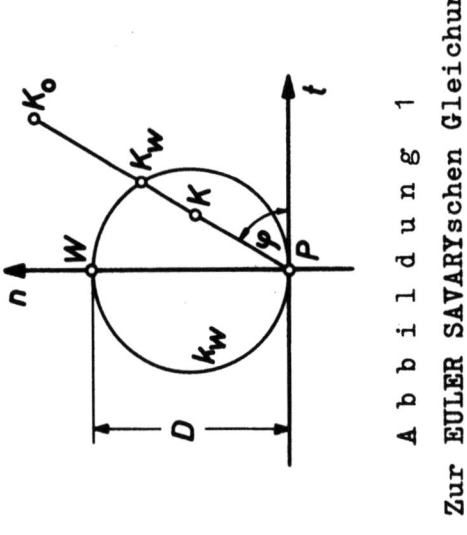

Abbildung 1
Zur EULER SAVARYschen Gleichung

Forschungsberichte des Wirtschafts- und Verkehrsministeriums Nordrhein-Westfalen

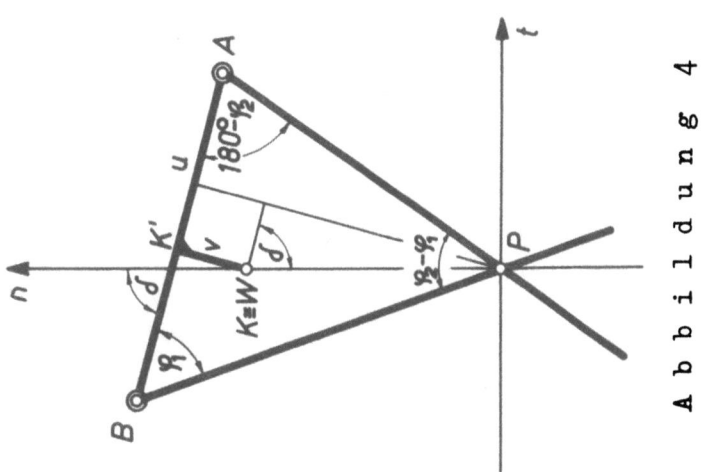

Abbildung 4
Ordinate des Koppelpunktes K

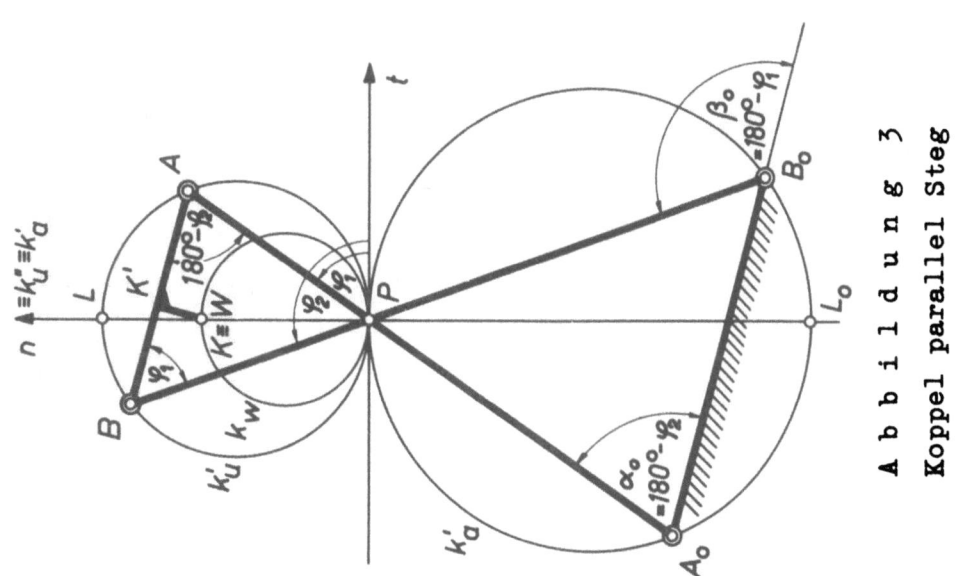

Abbildung 3
Koppel parallel Steg

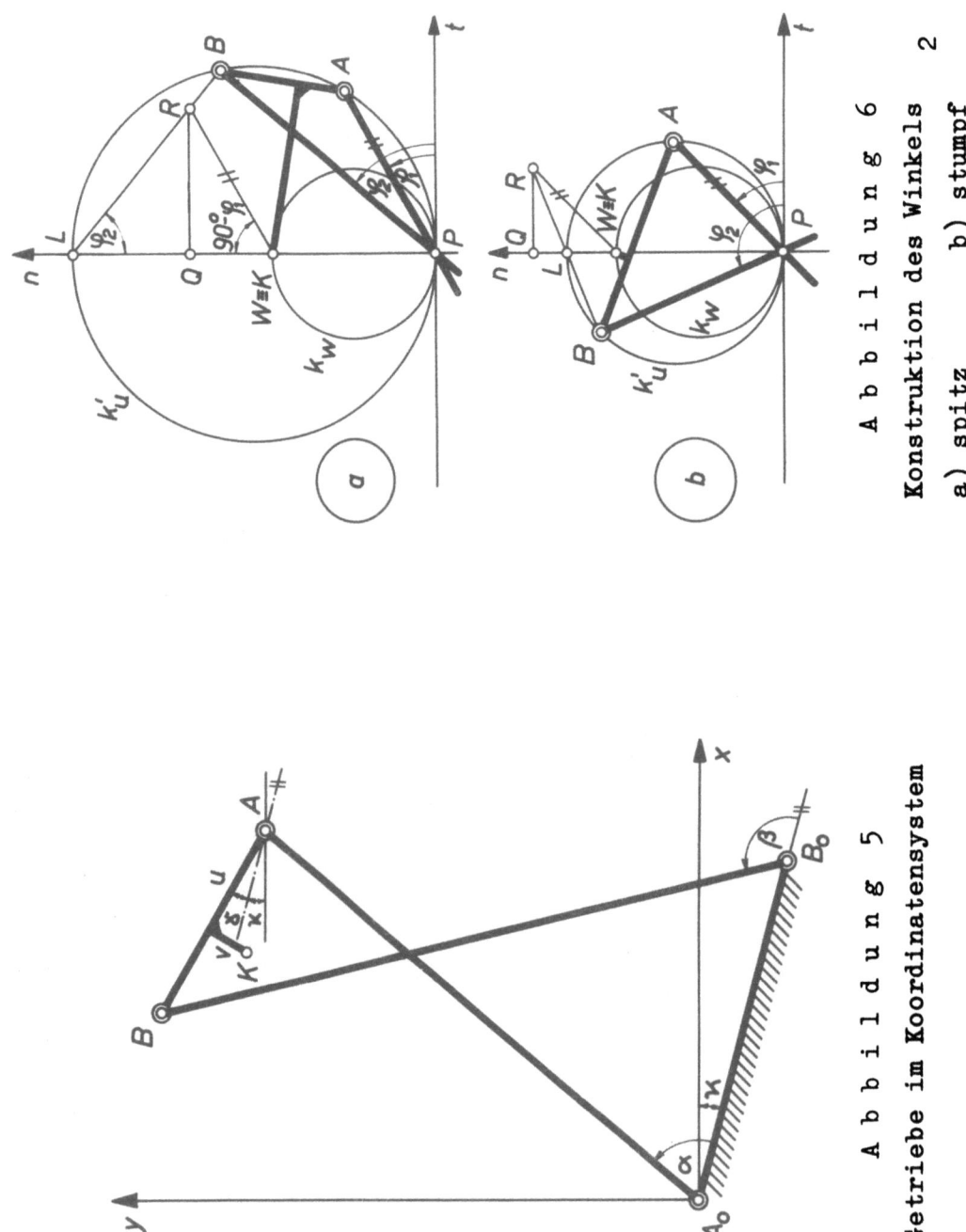

Abbildung 6
Konstruktion des Winkels 2
a) spitz   b) stumpf

Abbildung 5
Getriebe im Koordinatensystem

Forschungsberichte des Wirtschafts- und Verkehrsministeriums Nordrhein-Westfalen

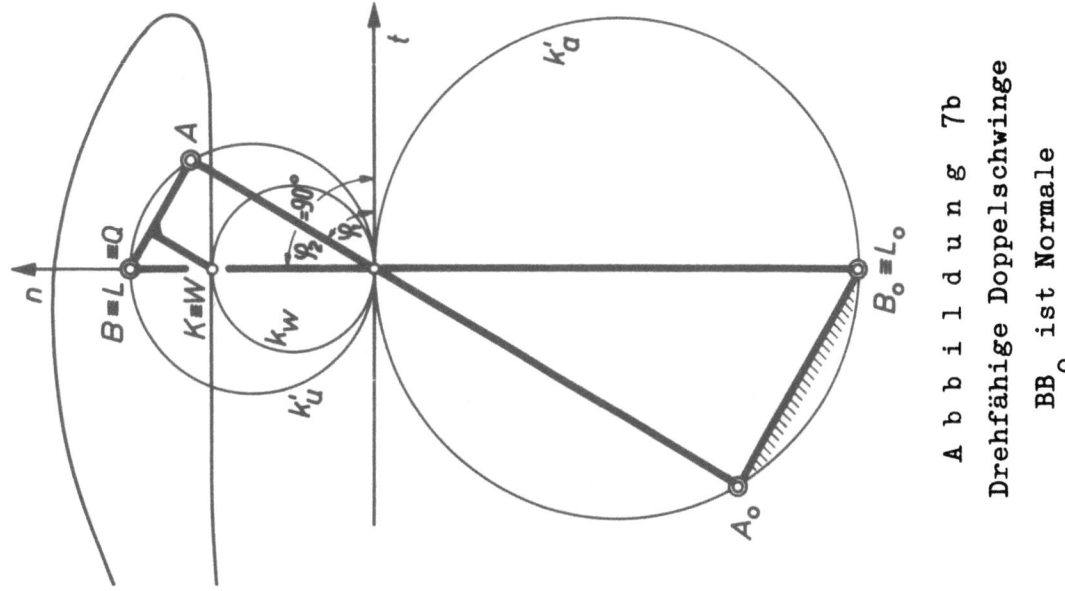

Abbildung 7b
Drehfähige Doppelschwinge
BB_0 ist Normale

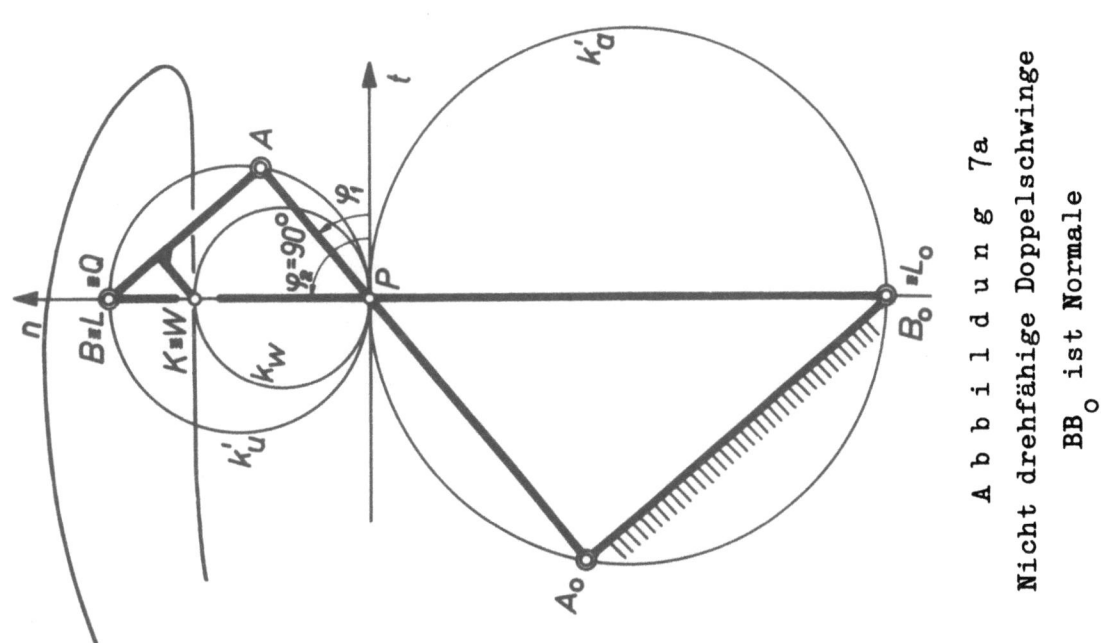

Abbildung 7a
Nicht drehfähige Doppelschwinge
BB_0 ist Normale

Forschungsberichte des Wirtschafts- und Verkehrsministeriums Nordrhein-Westfalen

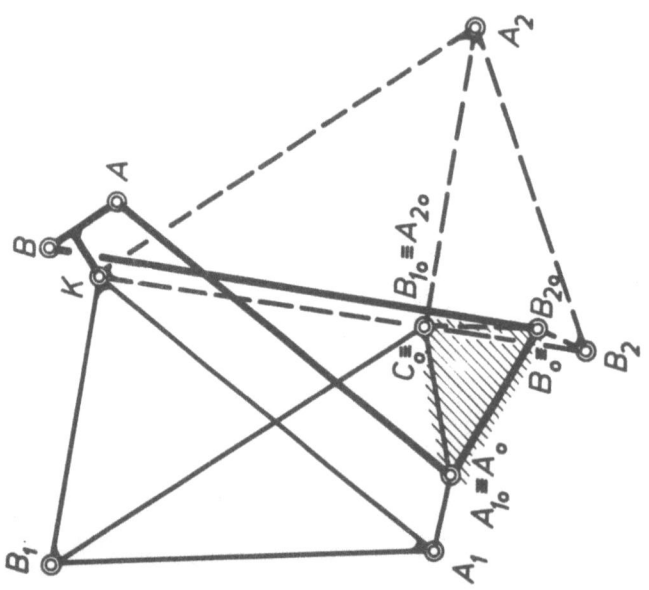

Abbildung 7d
Satz von ROBERTS zu Abbildung 7b

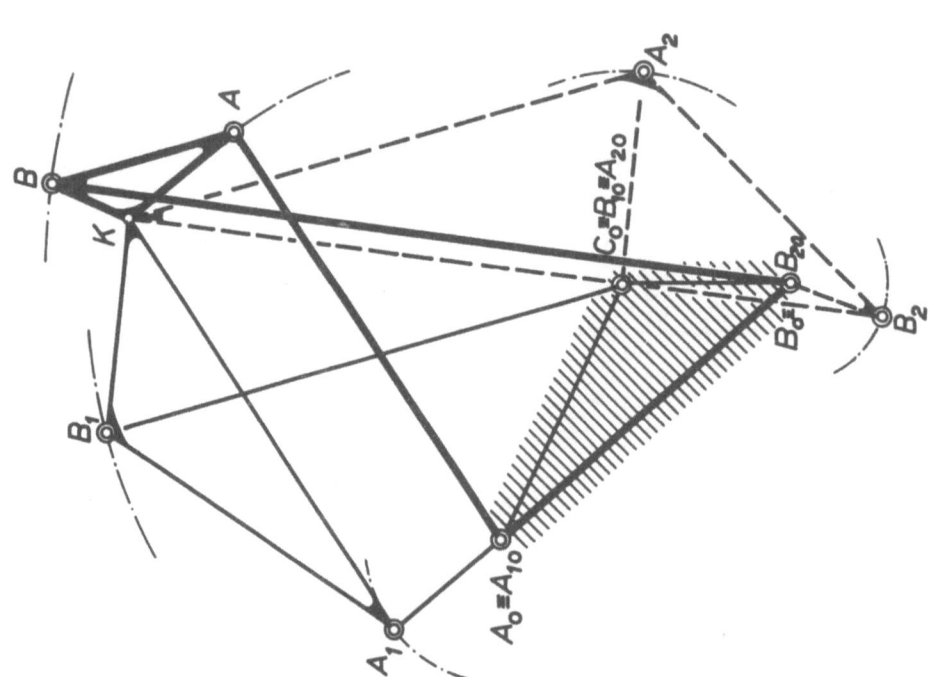

Abbildung 7c
Satz von ROBERTS zu Abbildung 7a

Forschungsberichte des Wirtschafts- und Verkehrsministeriums Nordrhein-Westfalen

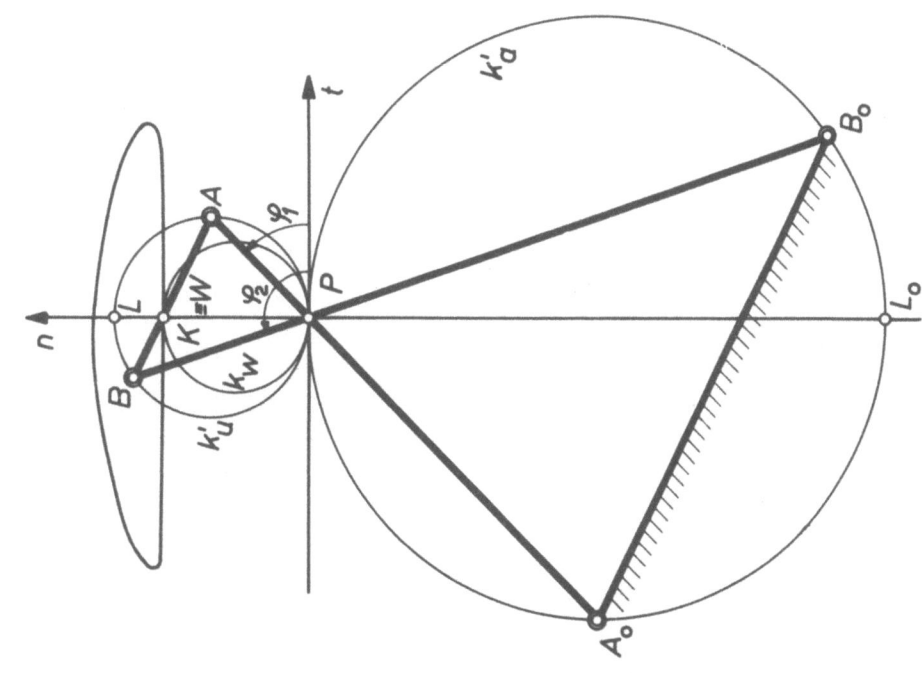

Abbildung 9a
Koppelpunkt auf Koppelmittellinie

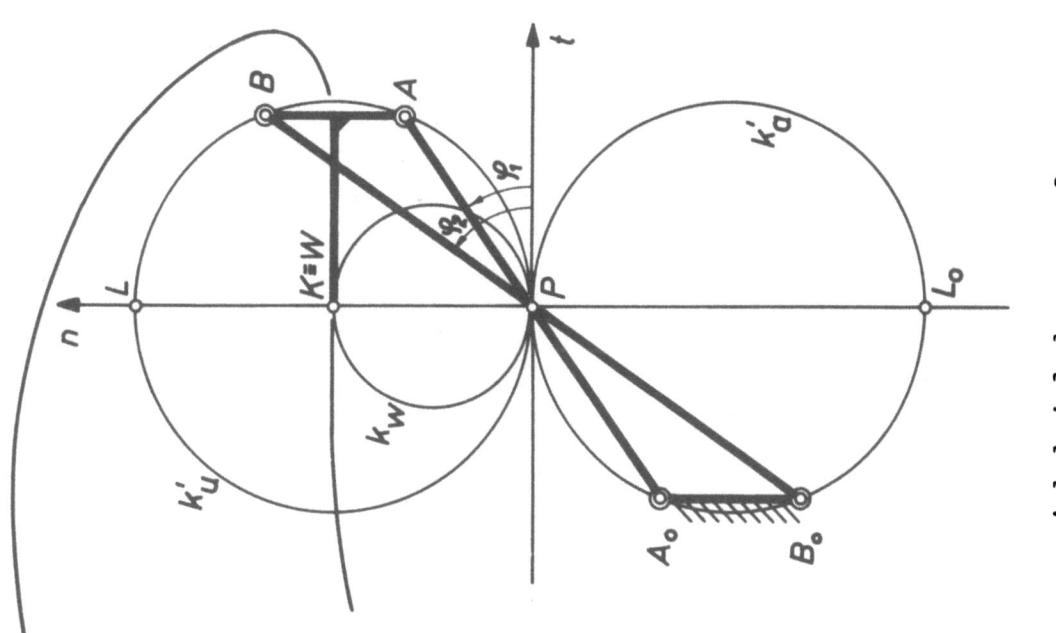

Abbildung 8
Nicht drehfähige Doppelschwinge
AB   t

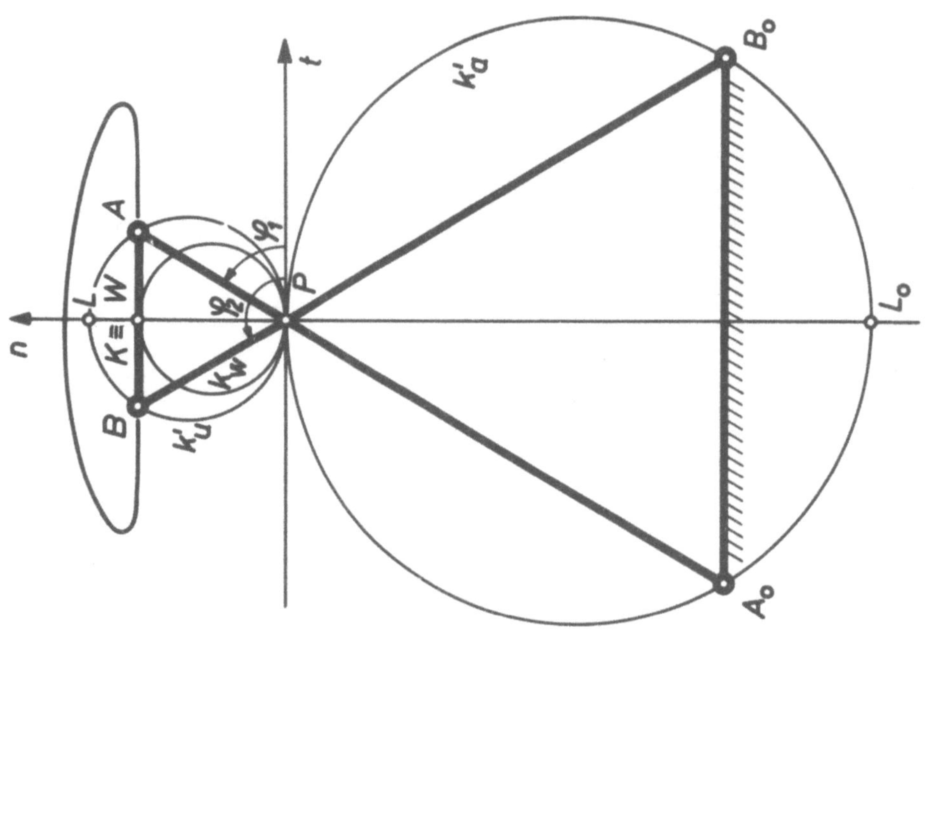

Forschungsberichte des Wirtschafts- und Verkehrsministeriums Nordrhein-Westfalen

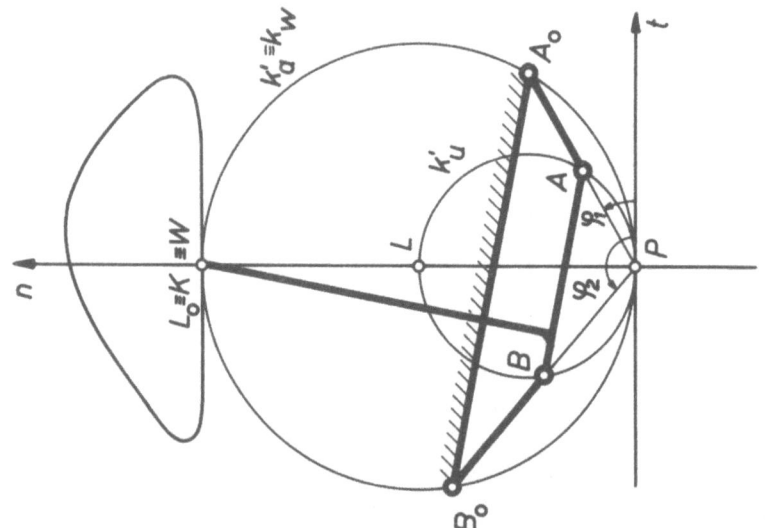

Abbildung 9b
Koppelpunkt gleich Koppelmittelpunkt

Abbildung 10
Vierecklage: L innerhalb k_w

Forschungsberichte des Wirtschafts- und Verkehrsministeriums Nordrhein-Westfalen

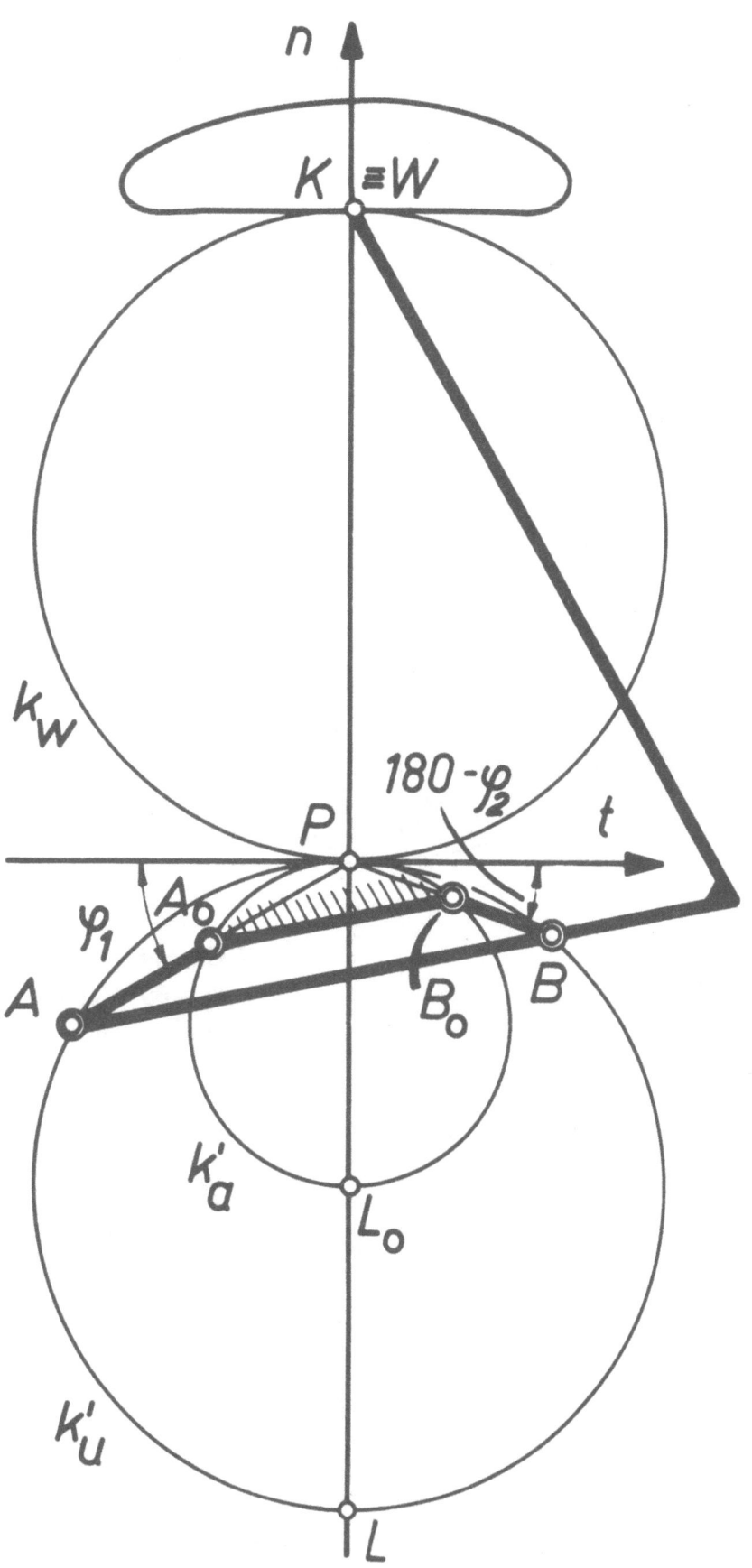

Abbildung 11

Vierecklage: L in der unteren Halbebene

Forschungsberichte des Wirtschafts- und Verkehrsministeriums Nordrhein-Westfalen

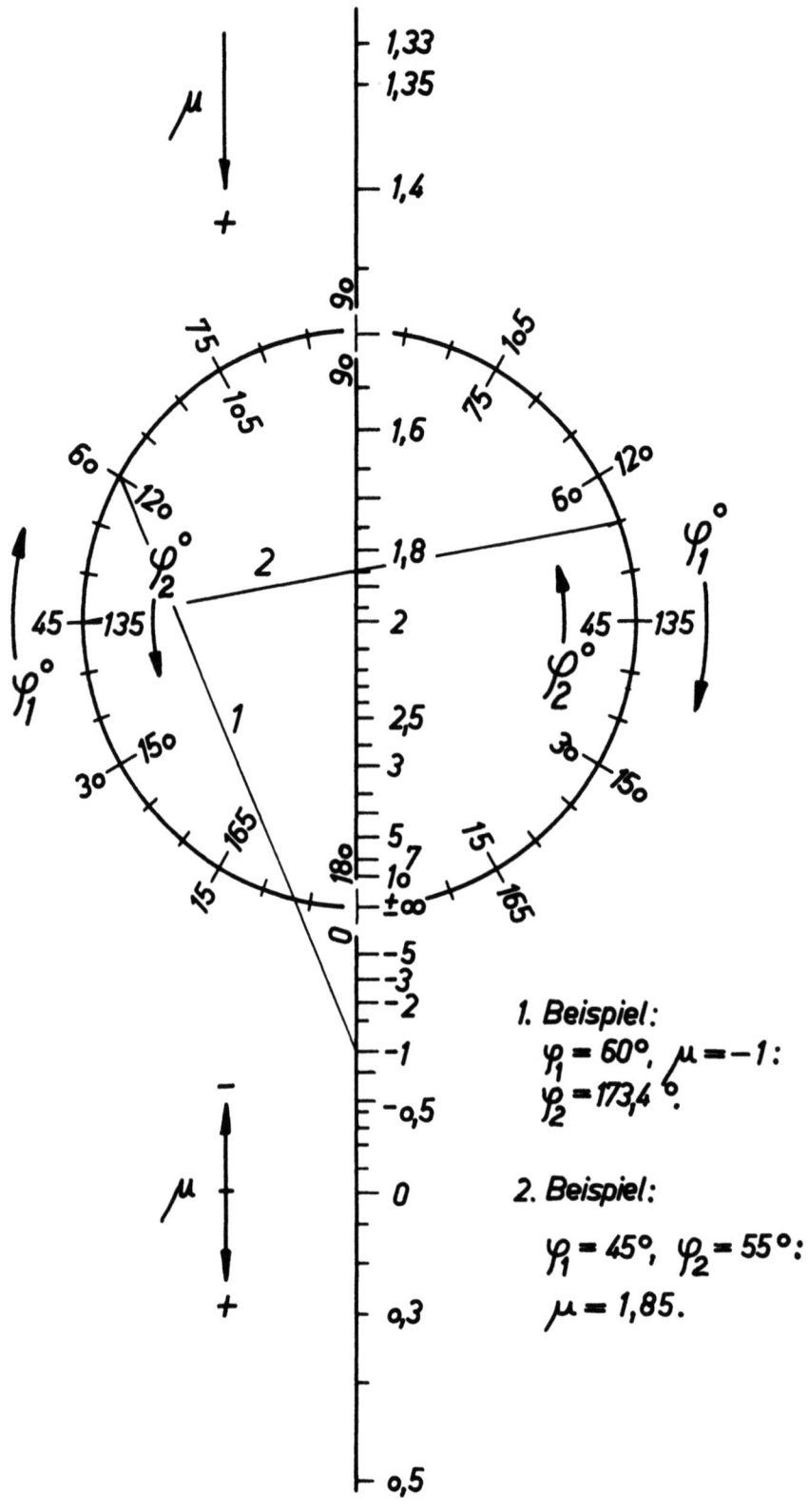

Abbildung 12

Nomogramm für $\operatorname{ctg}\varphi_1 \cdot \operatorname{ctg}\varphi_2 = 2\mu - 3$

1. Beispiel: $\varphi_1 = 60°$, $\mu = -1$: $\varphi_2 = 173{,}4°$
2. Beispiel: $\varphi_1 = 45°$, $\varphi_2 = 55°$: $\mu = 1{,}85$

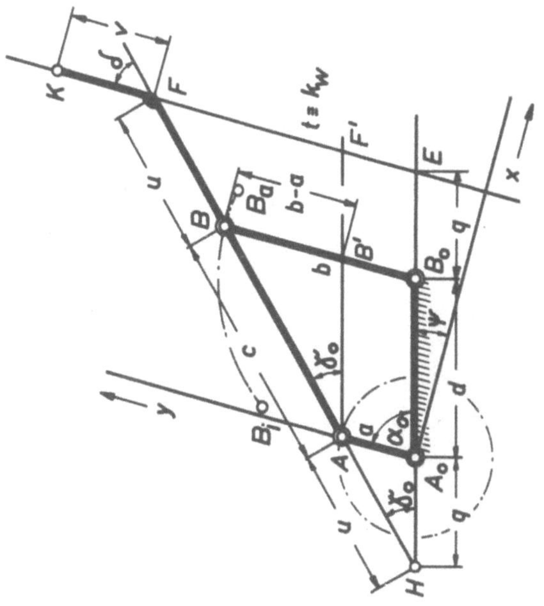

Forschungsberichte des Wirtschafts- und Verkehrsministeriums Nordrhein-Westfalen

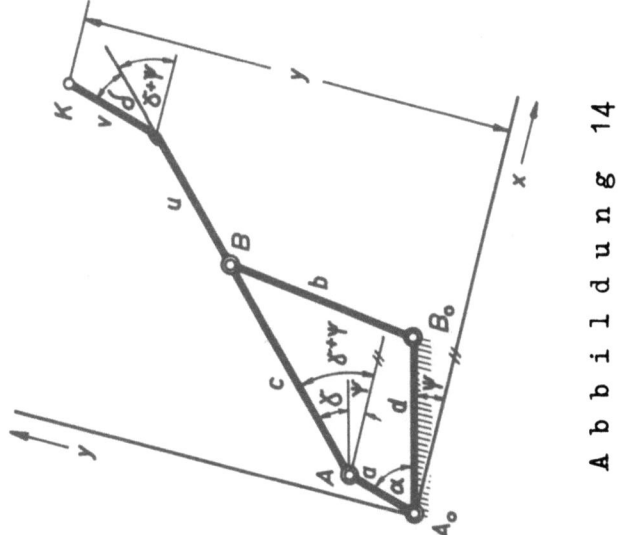

Abbildung 14
Ordinate des Koppelpunktes K

Abbildung 13
Kurbelschwinge in Parallellage

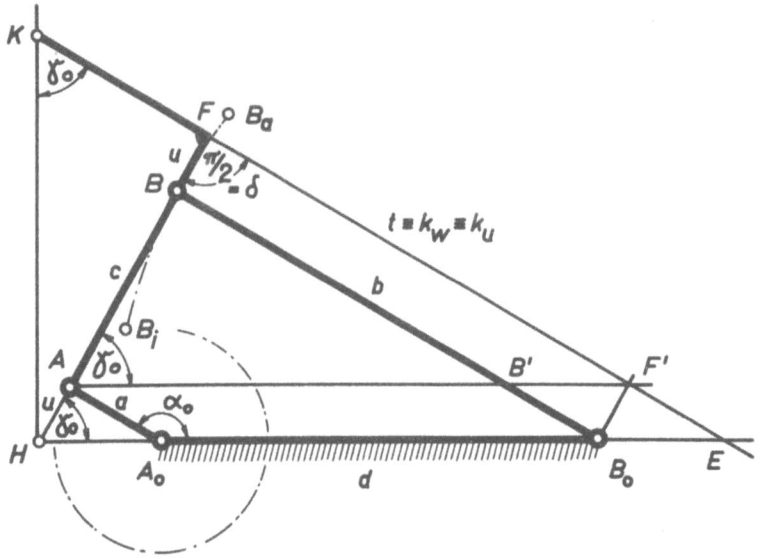

Abbildung 15a

Kurbelschwinge in Vierecklage mit = 2

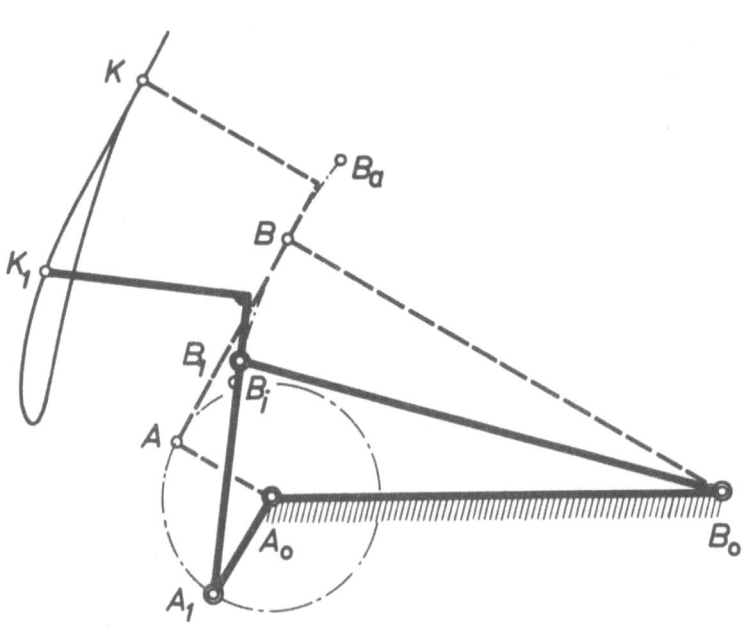

Abbildung 15b

Koppelkurve der Kurbelschwinge nach Abbildung 15a

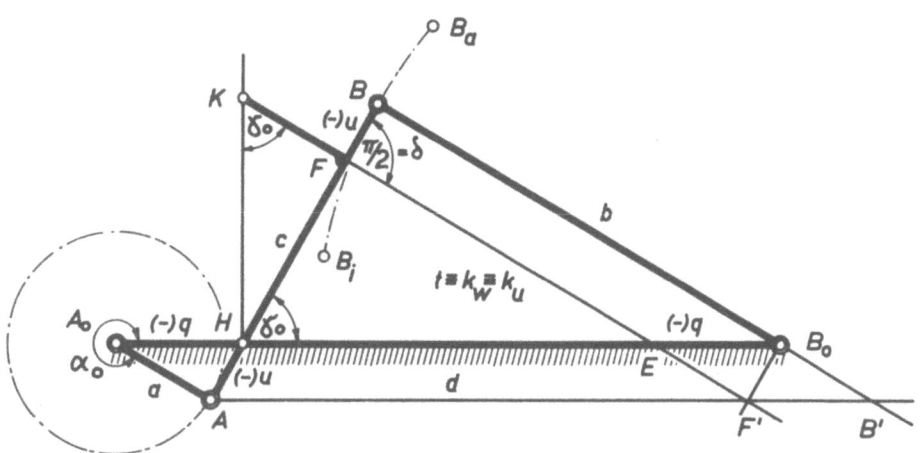

Abbildung 16a

Kurbelschwinge in Überkreuzlage mit = 2

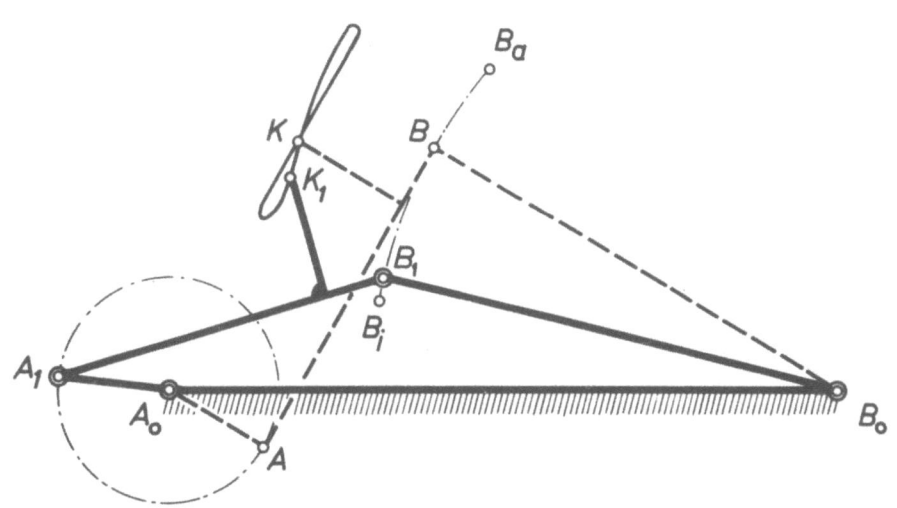

Abbildung 16b

Koppelkurve der Kurbelschwinge nach Abbildung 16a

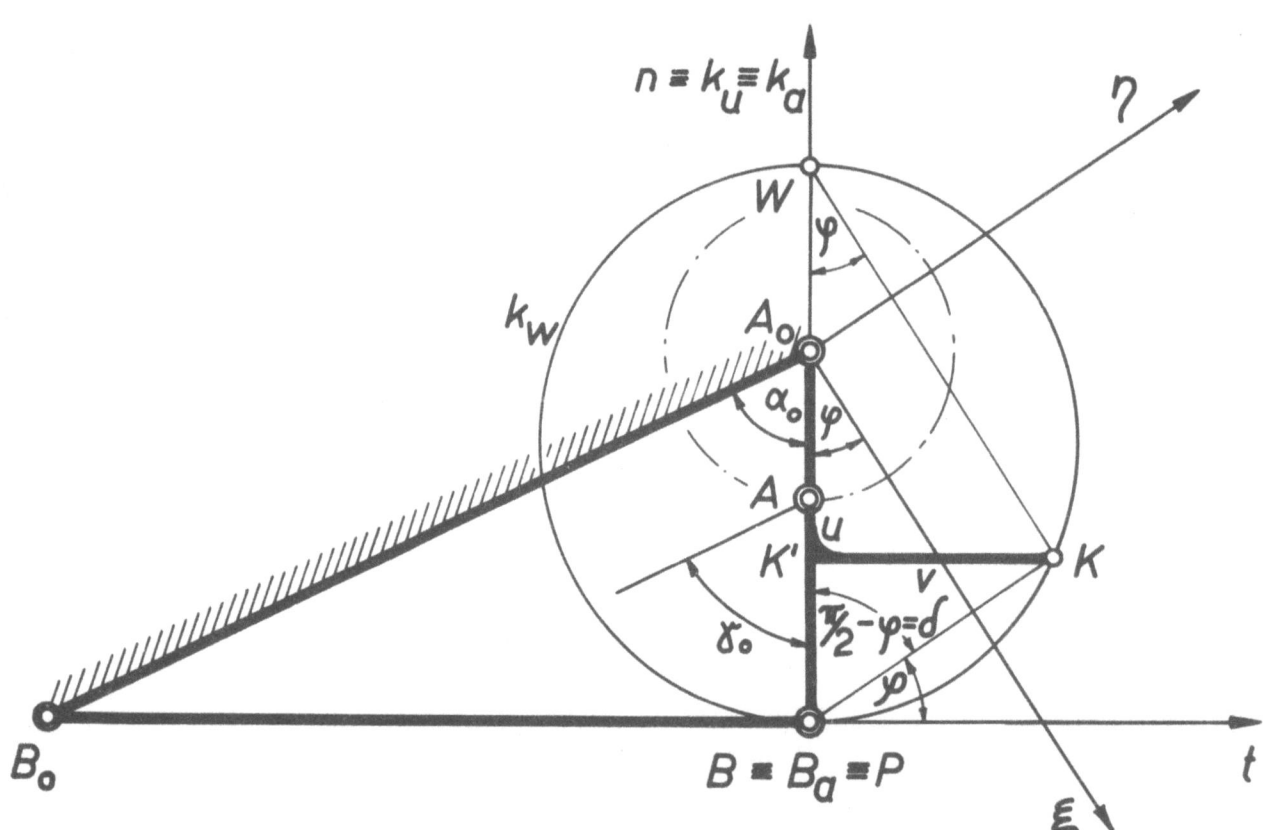

Abbildung 17
Getriebe in der Totlage

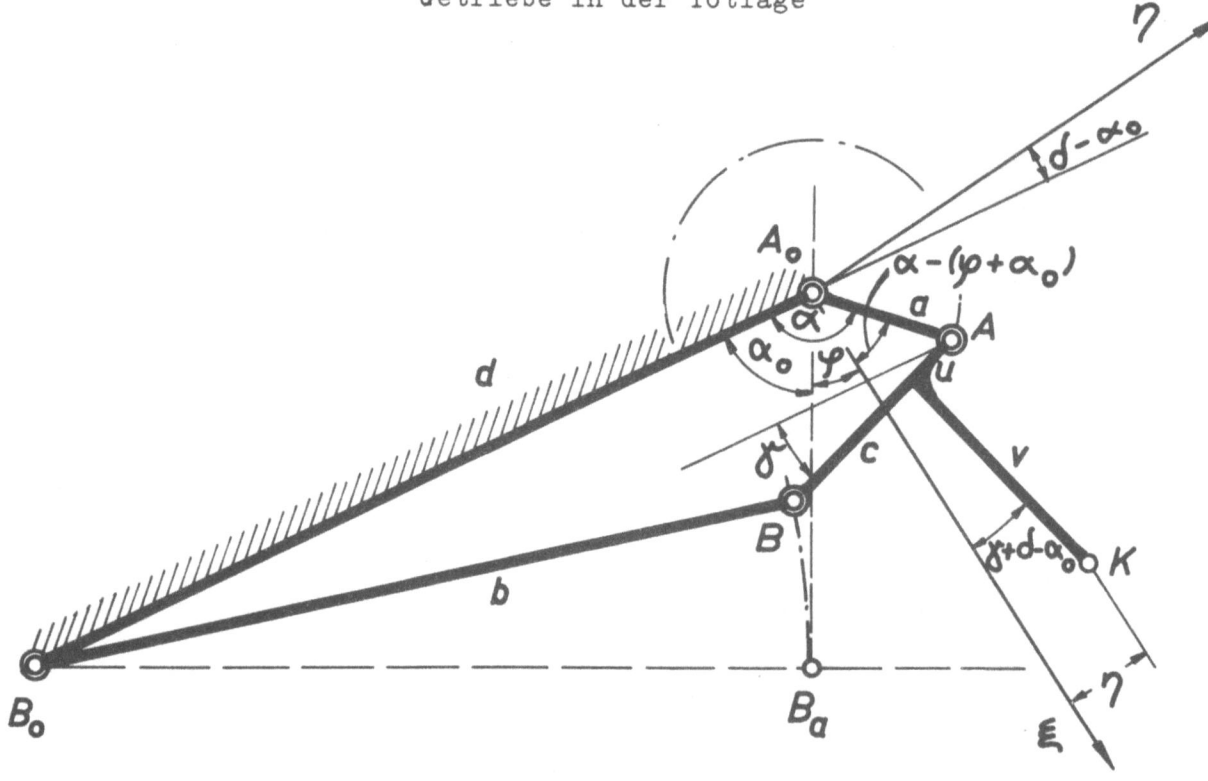

Abbildung 18
Ordinate des Koppelpunktes K

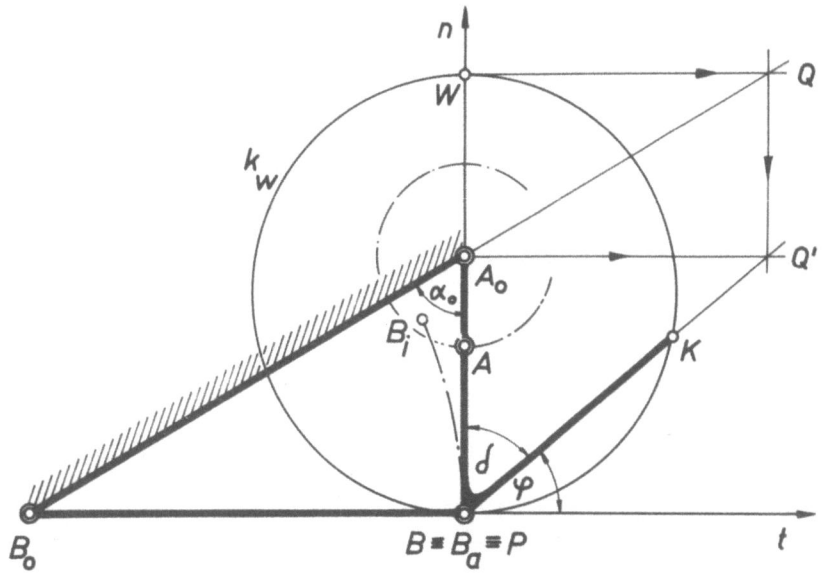

Abbildung 19a

Konstr. des Koppelpunktes m. 5-punktiger Geradführung

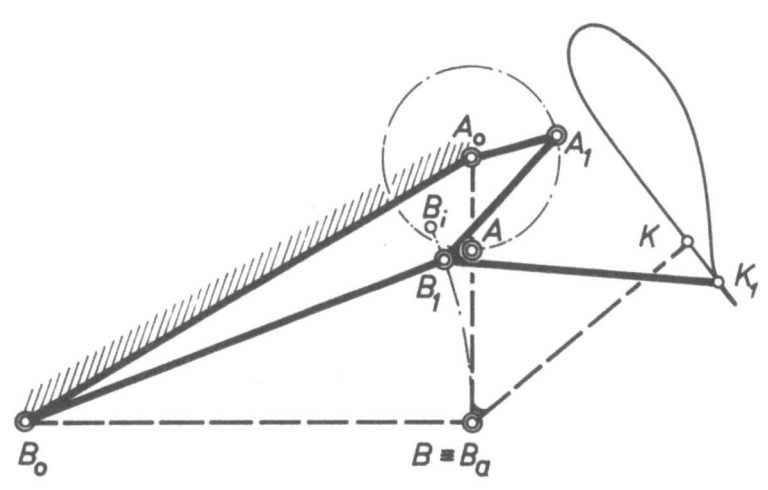

Abbildung 19b

Koppelkurve des Getriebes nach Abbildung 19a

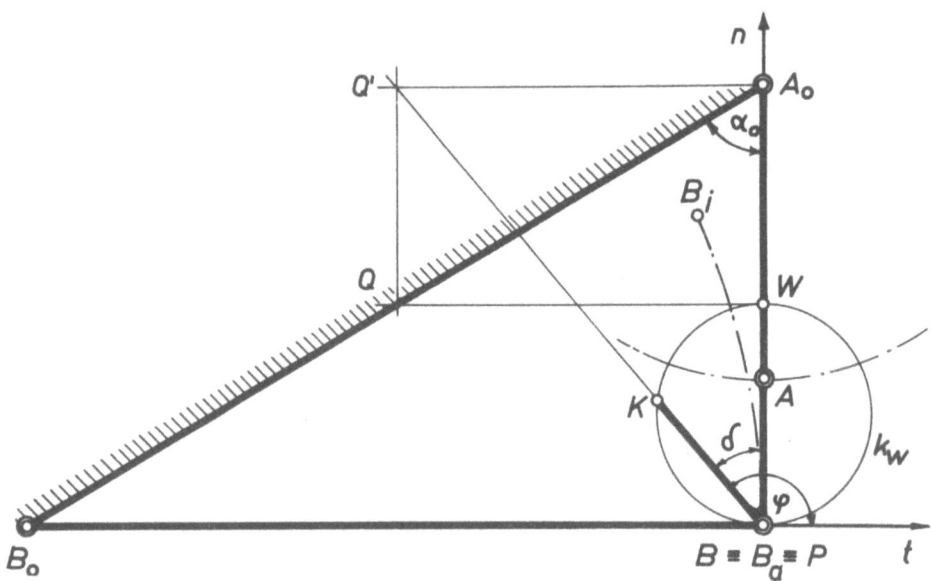

Abbildung 20a
Getriebe für $\frac{1}{2}$ 1 (A und A_o in oberer Halbebene)

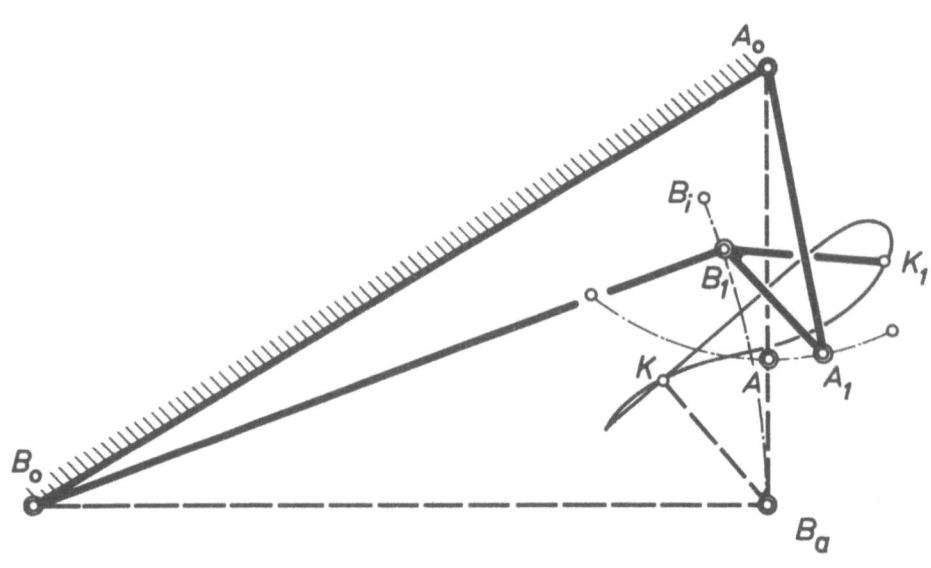

Abbildung 20b
Koppelkurve des Getriebes nach Abbildung 20a

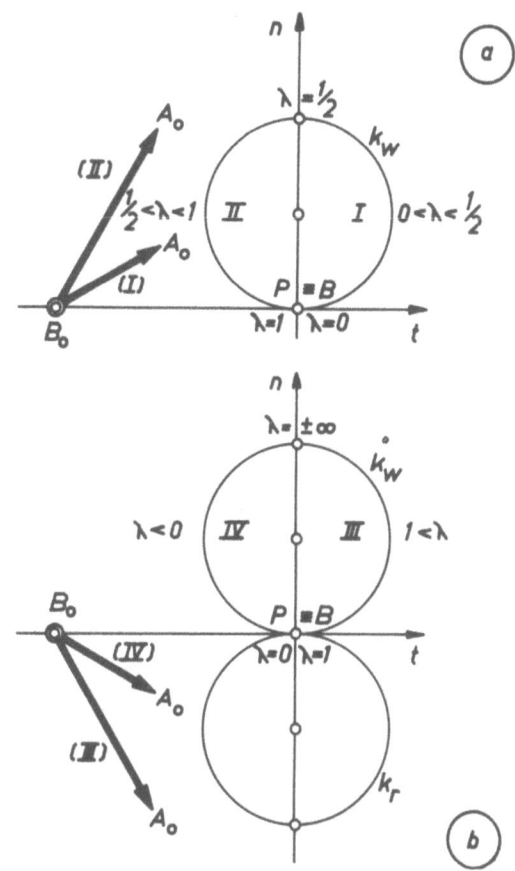

Abbildung 21
Zuordnung

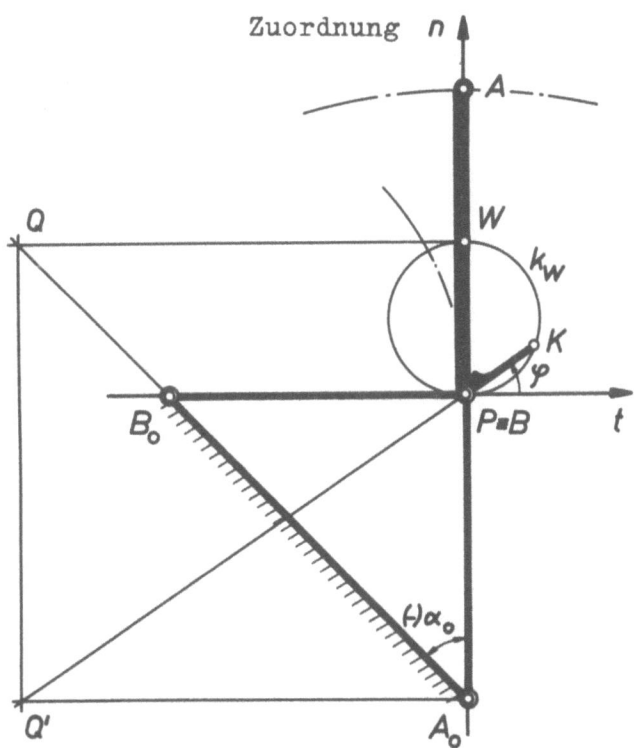

Abbildung 22a

1: A in oberer, A_o in unterer Halbebene

Forschungsberichte des Wirtschafts- und Verkehrsministeriums Nordrhein-Westfalen

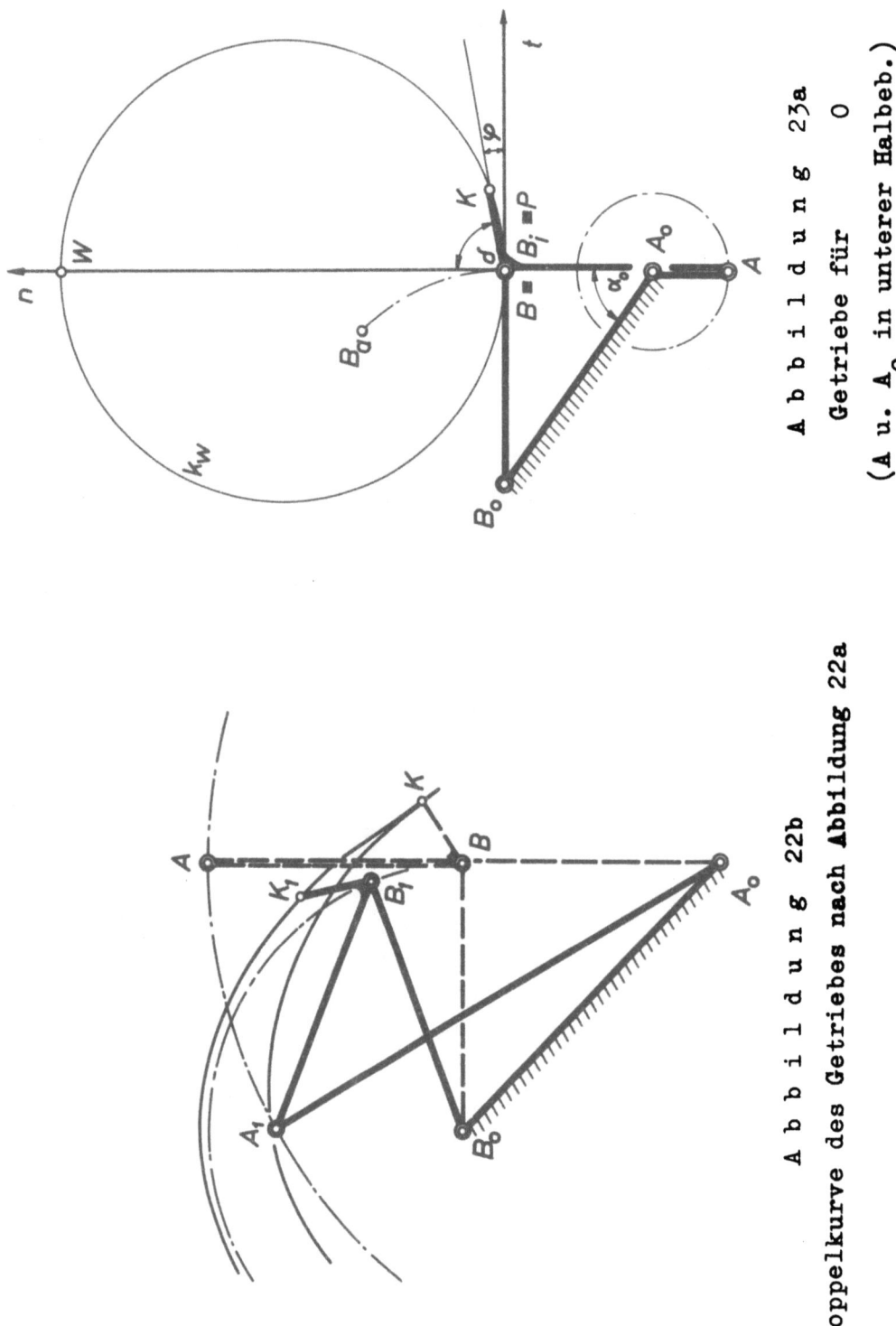

Abbildung 23a
Getriebe für 0
(A u. A_o in unterer Halbeb.)

Abbildung 22b
Koppelkurve des Getriebes nach Abbildung 22a

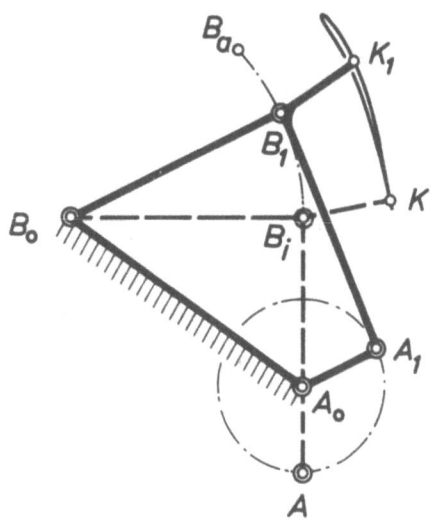

Abbildung 23b

Koppelkurve des Getriebes nach Abbildung 23a

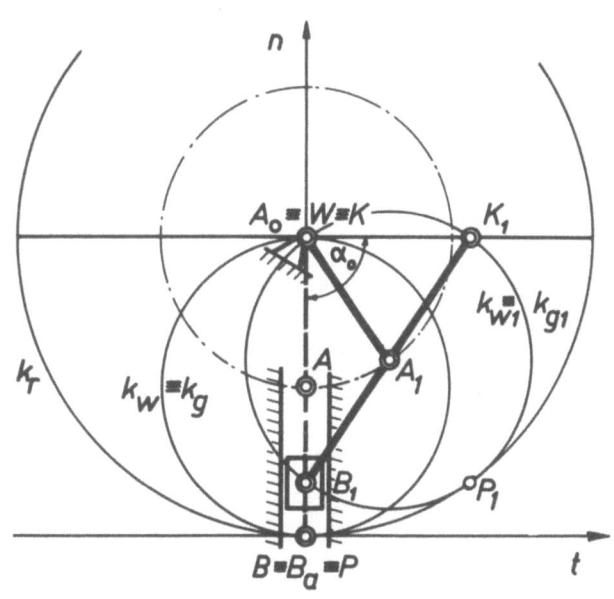

Abbildung 24

Gleichschenkliger zentrischer Schubkurbeltrieb

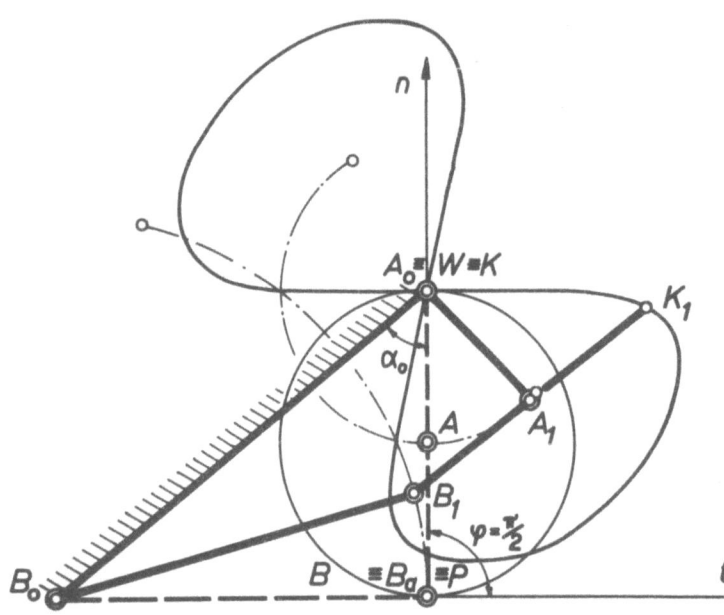

Abbildung 25
Gleichschenkliges Getriebe

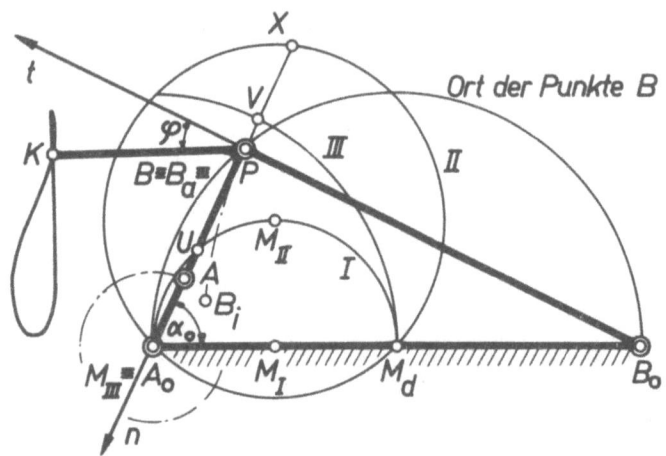

Abbildung 26
Ermittlung eines drehfähigen
Getriebes: AA_o ist kleinstes
Glied und in der oberen Halbebene

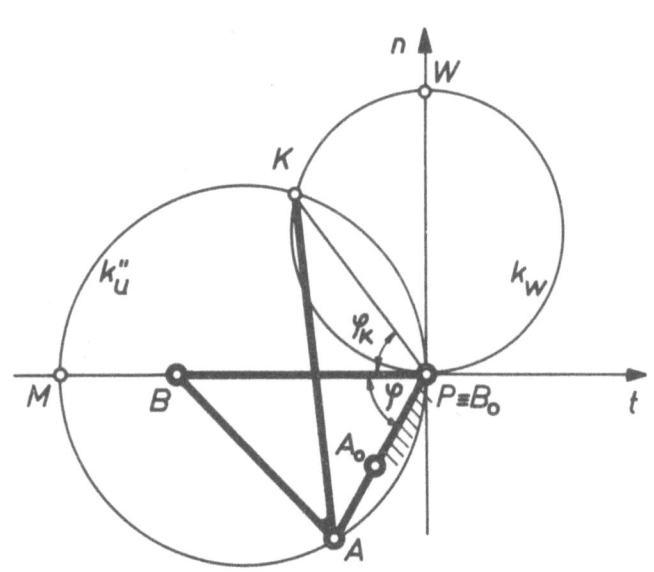

Abbildung 27
Getriebe in der Steglage

Forschungsberichte des Wirtschafts- und Verkehrsministeriums Nordrhein-Westfalen

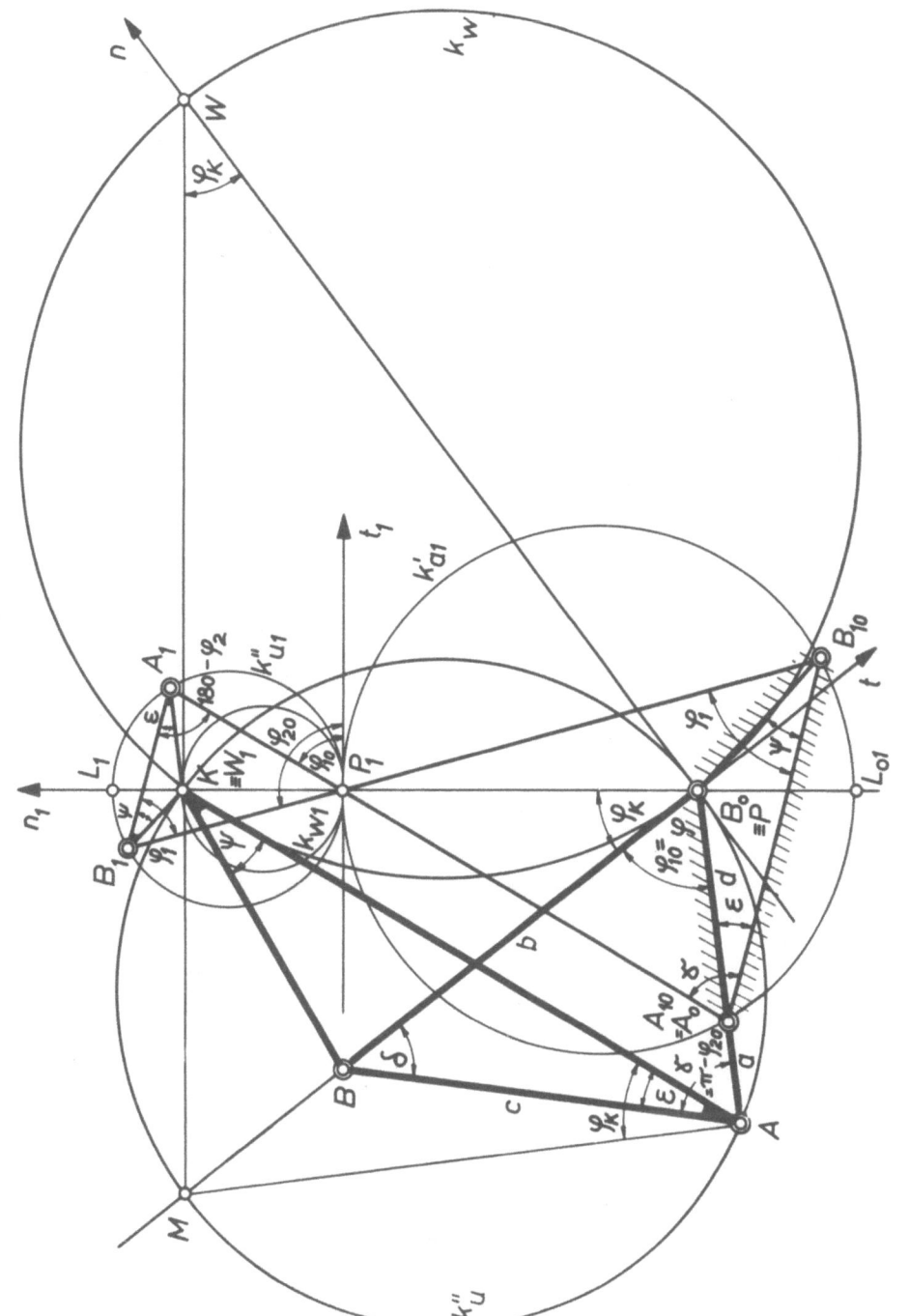

Abbildung 28

Getriebe mit Koppel parallel Steg ersetzt durch Getriebe in Steglage

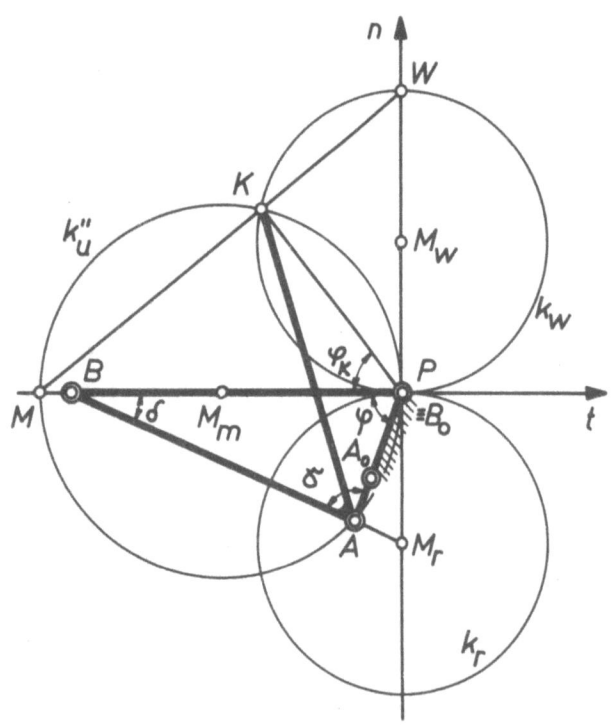

Abbildung 29a
A in der unteren Halbebene

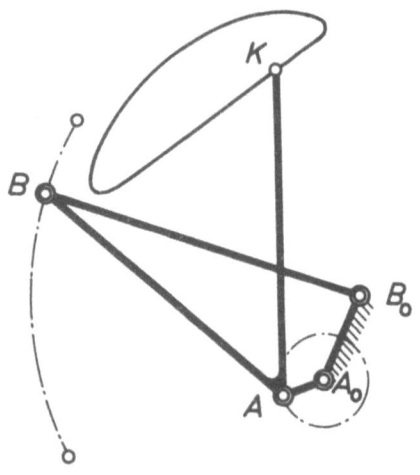

Abbildung 29b
Koppekurve des Getriebes
nach Abbildung 29a

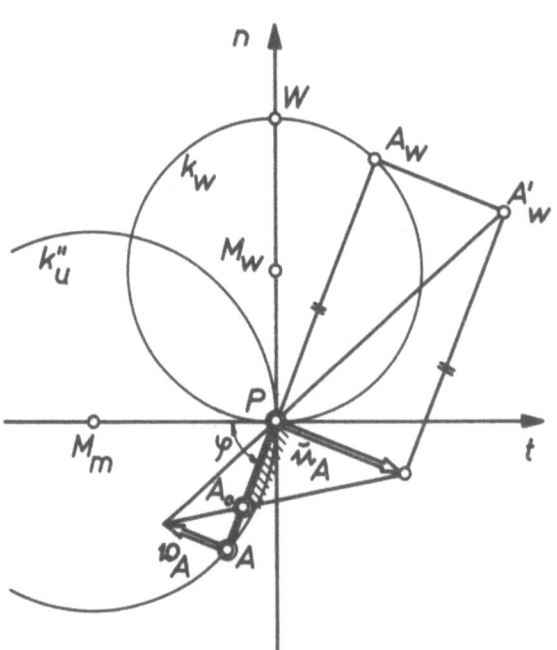

Abbildung 29c
Konstruktion von A_o nach HARTMANN

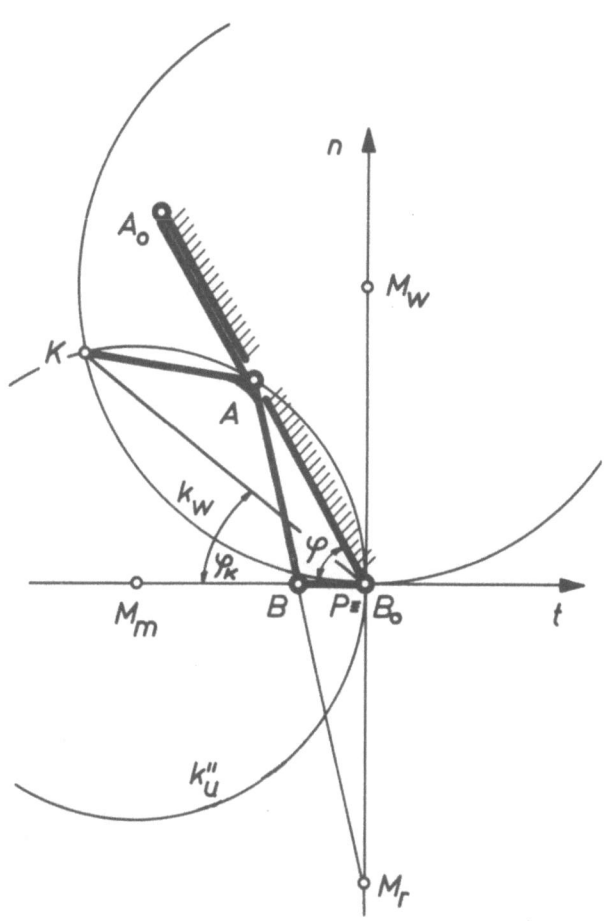

Abbildung 30a
Getr. mit A innerhalb k_w

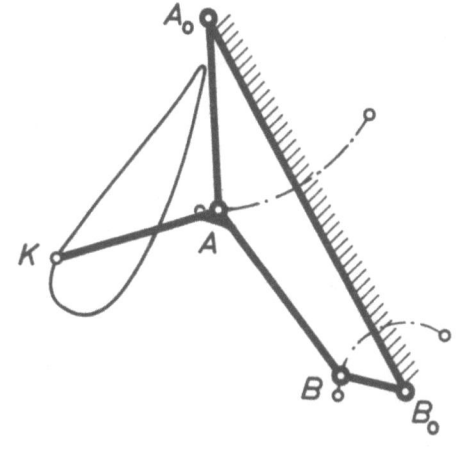

Abbildung 30b
Koppelkurve des Getriebes
nach Abbildung 30a

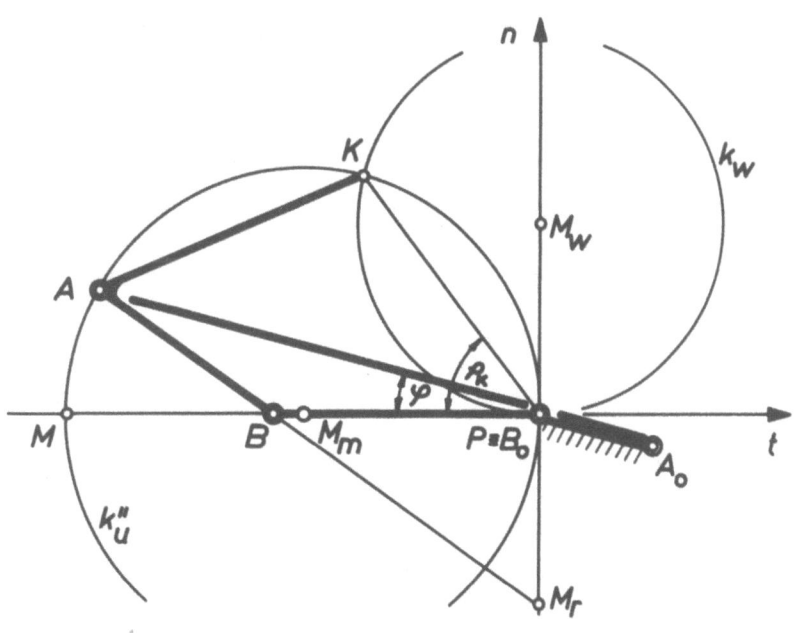

Abbildung 31a
Getr. mit A außerhalb k_w in oberer Halbebene

Forschungsberichte des Wirtschafts- und Verkehrsministeriums Nordrhein-Westfalen

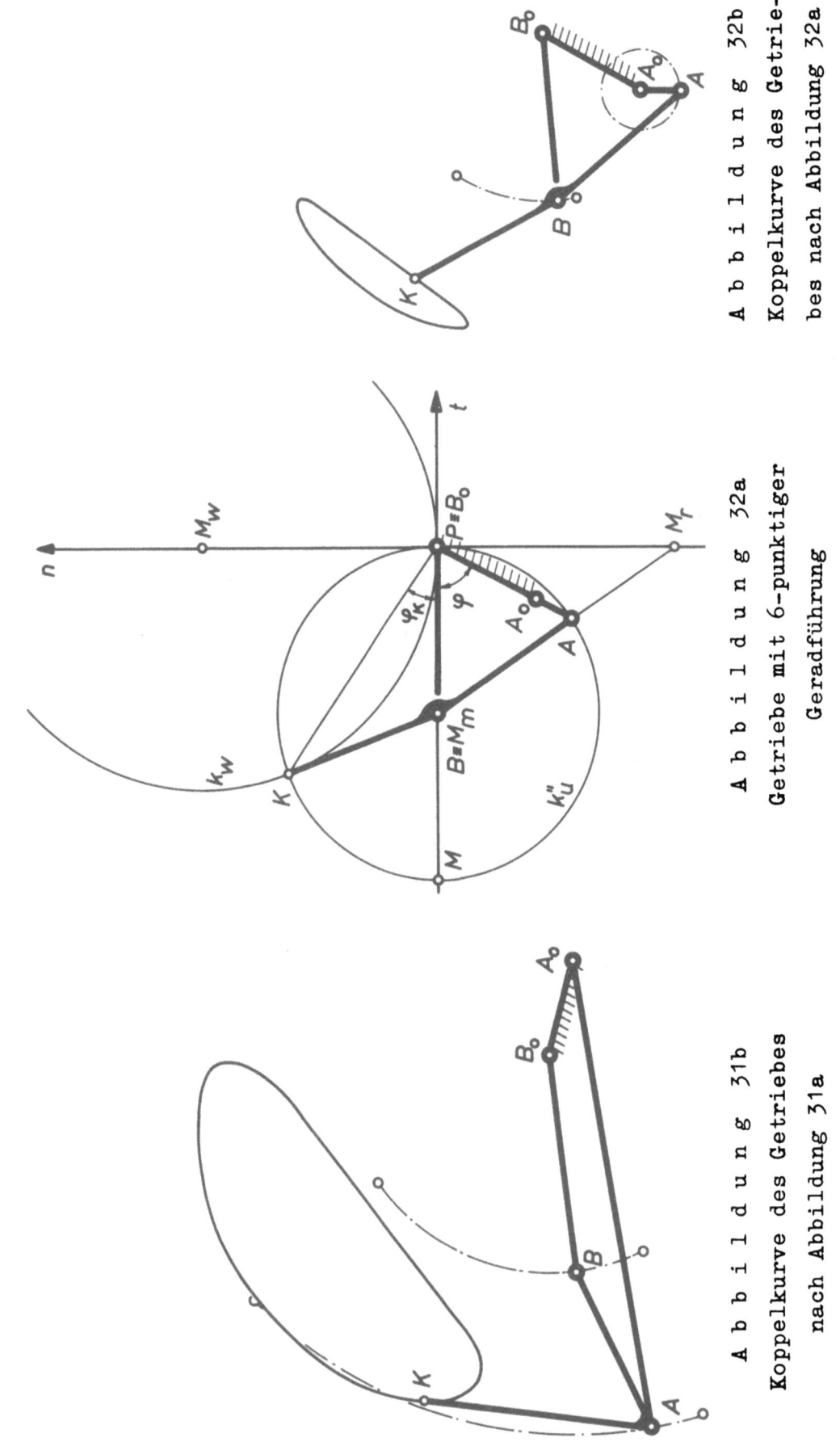

Abbildung 32b
Koppelkurve des Getriebes nach Abbildung 32a

Abbildung 32a
Getriebe mit 6-punktiger Geradführung

Abbildung 31b
Koppelkurve des Getriebes nach Abbildung 31a

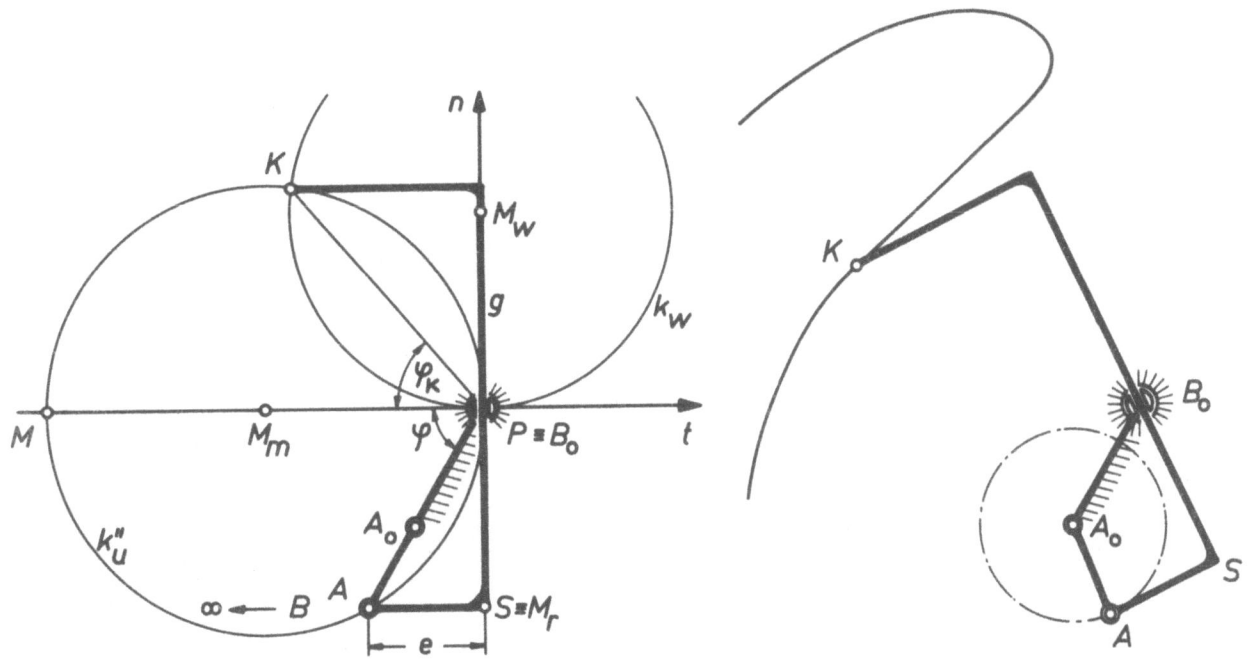

Abbildung 33a
Kurbelschleife mit 5-punktiger
Geradführung

Abbildung 33b
Koppelkurve des Getriebes
nach Abbildung 33a

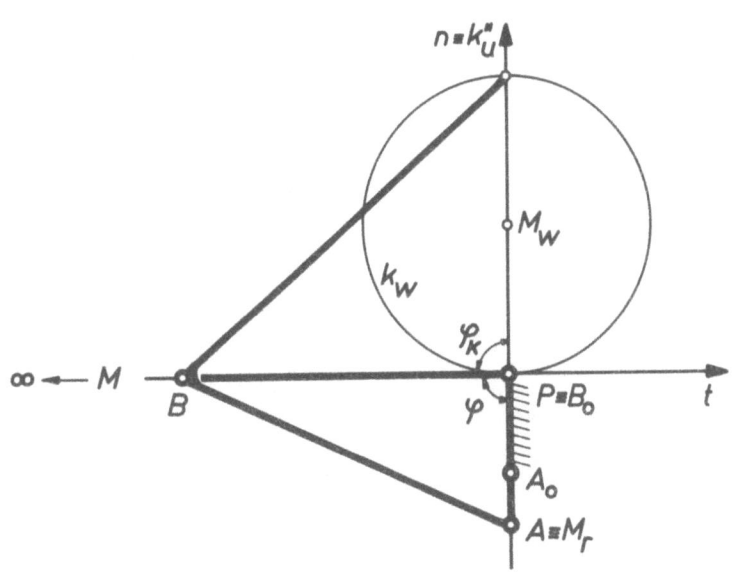

Abbildung 34a
Getriebe, wenn M

Forschungsberichte des Wirtschafts- und Verkehrsministeriums Nordrhein-Westfalen

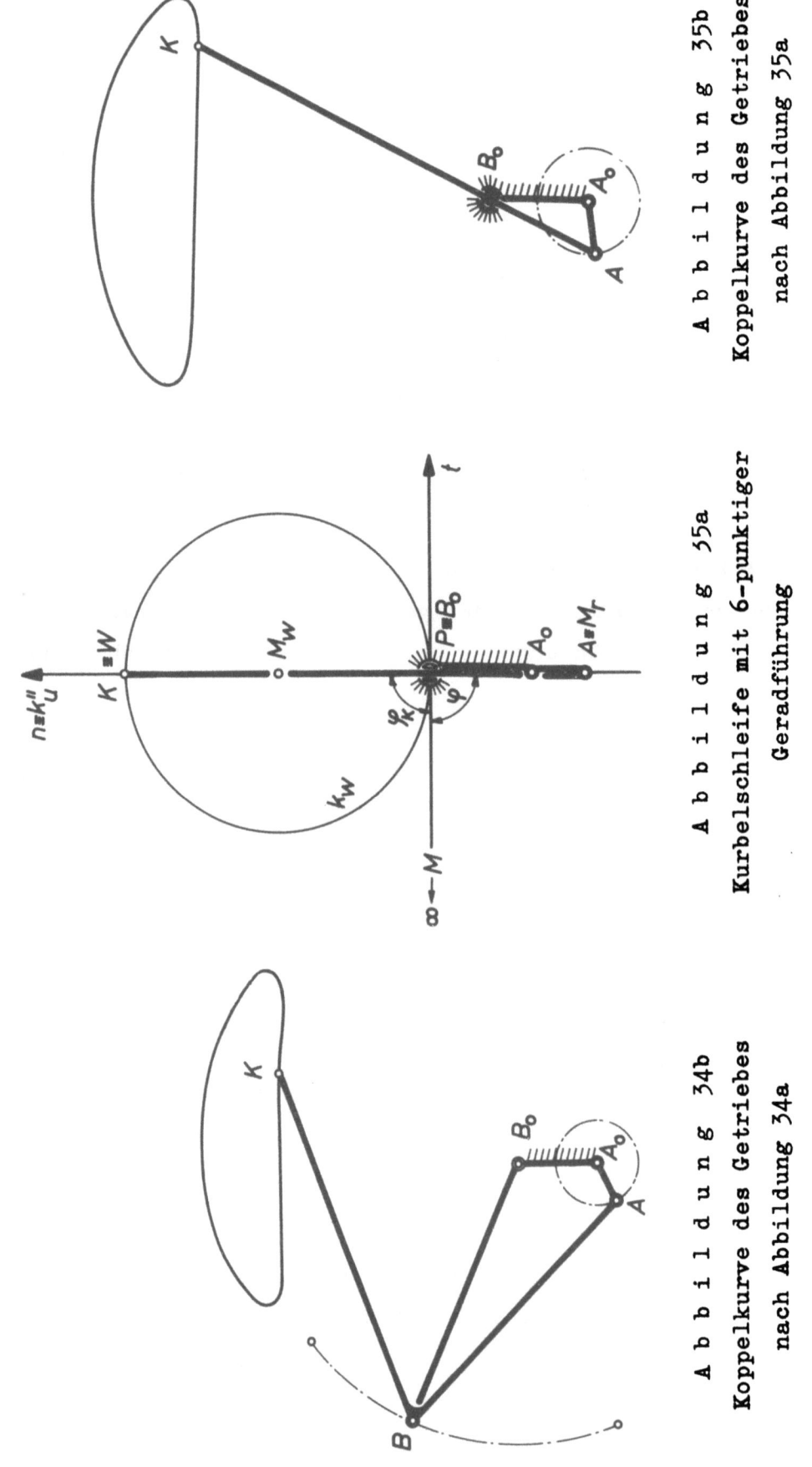

Abbildung 35b
Koppelkurve des Getriebes
nach Abbildung 35a

Abbildung 35a
Kurbelschleife mit 6-punktiger
Geradführung

Abbildung 34b
Koppelkurve des Getriebes
nach Abbildung 34a

FORSCHUNGSBERICHTE
DES WIRTSCHAFTS- UND VERKEHRSMINISTERIUMS
NORDRHEIN-WESTFALEN

Herausgegeben von Staatssekretär Prof. Dr. h. c. Leo Brandt

HEFT 1
Prof. Dr.-Ing. E. Flegler, Aachen
Untersuchungen oxydischer Ferromagnet-Werkstoffe
1952, 20 Seiten, DM 6,75

HEFT 2
Prof. Dr. W. Fuchs, Aachen
Untersuchungen über absatzfreie Teeröle
1952, 32 Seiten, 5 Abb., 6 Tabellen, DM 10,—

HEFT 3
Techn.-Wissenschaftl. Büro für die Bastfaserindustrie, Bielefeld
Untersuchungsarbeiten zur Verbesserung des Leinenwebstuhls
1952, 44 Seiten, 7 Abb., 3 Tabellen, DM 12,50

HEFT 4
Prof. Dr. E. A. Müller und Dipl.-Ing. H. Spitzer, Dortmund
Untersuchungen über die Hitzebelastung in Hüttenbetrieben
1952, 28 Seiten, 5 Abb., 1 Tabelle, DM 9,—

HEFT 5
Dipl.-Ing. W. Fister, Aachen
Prüfstand der Turbinenuntersuchungen
1952, 40 Seiten, 30 Abb., 3 Schaltbilder, DM 1,—

HEFT 6
Prof. Dr. W. Fuchs, Aachen
Untersuchungen über die Zusammensetzung und Verwendbarkeit von Schwelteerfraktionen
1952, 36 Seiten, DM 10,50

HEFT 7
Prof. Dr. W. Fuchs, Aachen
Untersuchungen über emsländisches Petrolatum
1952, 36 Seiten, 1 Abb., 17 Tabellen, DM 10,50

HEFT 8
M. E. Meffert und H. Stratmann, Essen
Algen-Großkulturen im Sommer 1951
1953, 52 Seiten, 4 Abb., 20 Tabellen, DM 9,75

HEFT 9
Techn.-Wissenschaftl. Büro für die Bastfaserindustrie, Bielefeld
Untersuchungen über die zweckmäßige Wicklungsart von Leinengarnkreuzspulen unter Berücksichtigung der Anwendung hoher Geschwindigkeiten des Garnes
Vorversuche für Zetteln und Schären von Leinengarnen auf Hochleistungsmaschinen
1952, 48 Seiten, 7 Abb., 7 Tabellen, DM 9,25

HEFT 10
Prof. Dr. W. Vogel, Köln
„Das Streifenpaar" als neues System zur mechanischen Vergrößerung kleiner Verschiebungen und seine technischen Anwendungsmöglichkeiten
1953, 20 Seiten, 6 Abb., DM 4,50

HEFT 11
Laboratorium für Werkzeugmaschinen und Betriebslehre, Technische Hochschule Aachen
1. Untersuchungen über Metallbearbeitung im Fräsvorgang mit Hartmetallwerkzeugen und negativem Spanwinkel
2. Weiterentwicklung des Schleifverfahrens für die Herstellung von Präzisionswerkstücken unter Vermeidung hoher Temperaturen
3. Untersuchung von Oberflächenveredlungsverfahren zur Steigerung der Belastbarkeit hochbeanspruchter Bauteile
1953, 80 Seiten, 61 Abb., DM 15,75

HEFT 12
Elektrowärme-Institut, Langenberg (Rhld.)
Induktive Erwärmung mit Netzfrequenz
1952, 22 Seiten, 6 Abb., DM 5,20

HEFT 13
Techn.-Wissenschaftl. Büro für die Bastfaserindustrie, Bielefeld
Das Naßspinnen von Bastfasergarnen mit chemischen Zusätzen zum Spinnbad
1953, 52 Seiten, 4 Abb., 19 Tabellen, DM 10,—

HEFT 14
Forschungsstelle für Acetylen, Dortmund
Untersuchungen über Aceton als Lösungsmittel für Acetylen
1952, 64 Seiten, 10 Abb., 26 Tabellen, DM 12,25

HEFT 15
Wäschereiforschung Krefeld
Trocknen von Wäschestoffen
1953, 48 Seiten, 14 Abb., 2 Tabellen, DM 9,—

HEFT 16
Max-Planck-Institut für Kohlenforschung, Mülheim a. d. Ruhr
Arbeiten des MPI für Kohlenforschung
1953, 104 Seiten, 9 Abb., DM 17,80

HEFT 17
Ingenieurbüro Herbert Stein, M.-Gladbach
Untersuchung der Verzugsvorgänge in den Streckwerken verschiedener Spinnereimaschinen. 1. Bericht: Vergleichende Prüfung mit verschiedenen Dickenmeßgeräten
1952, 36 Seiten, 15 Abb., DM 8,—

HEFT 18
Wäschereiforschung Krefeld
Grundlagen zur Erfassung der chemischen Schädigung beim Waschen
1953, 68 Seiten, 15 Abb., 15 Tabellen, DM 12,75

HEFT 19
Techn.-Wissenschaftl. Büro für die Bastfaserindustrie, Bielefeld
Die Auswirkung des Schlichtens von Leinengarnketten auf den Verarbeitungswirkungsgrad, sowie die Festigkeit und Dehnungsverhältnisse der Garne und Gewebe
1953, 48 Seiten, 1 Abb., 9 Tabellen, DM 9,—

HEFT 20
Techn.-Wissenschaftl. Büro für die Bastfaserindustrie, Bielefeld
Trocknung von Leinengarnen I
Vorgang und Einwirkung auf die Garnqualität
1953, 62 Seiten, 18 Abb., 5 Tabellen, DM 12,—

HEFT 21
Techn.-Wissenschaftl. Büro für die Bastfaserindustrie, Bielefeld
Trocknung von Leinengarnen II
Spulenanordnung und Luftführung beim Trocknen von Kreuzspulen
1953, 66 Seiten, 22 Abb., 9 Tabellen, DM 13,—

HEFT 22
Techn.-Wissenschaftl. Büro für die Bastfaserindustrie, Bielefeld
Die Reparaturanfälligkeit von Webstühlen
1953, 28 Seiten, 7 Abb., 5 Tabellen, DM 5,80

HEFT 23
Institut für Starkstromtechnik, Aachen
Rechnerische und experimentelle Untersuchungen zur Kenntnis der Metadyne als Umformer von konstanter Spannung auf konstanten Strom
1953, 52 Seiten, 20 Abb., 4 Tafeln, DM 9,75

HEFT 24
Institut für Starkstromtechnik, Aachen
Vergleich verschiedener Generator-Metadyne-Schaltungen in bezug auf statisches Verhalten
1952, 44 Seiten, 23 Abb., DM 8,50

HEFT 25
Gesellschaft für Kohlentechnik mbH., Dortmund-Eving
Struktur der Steinkohlen und Steinkohlen-Kokse
1953, 58 Seiten, DM 11,—

HEFT 26
Techn.-Wissenschaftl. Büro für die Bastfaserindustrie, Bielefeld
Vergleichende Untersuchungen zweier neuzeitlicher Ungleichmäßigkeitsprüfer für Bänder und Garne hinsichtlich ihrer Eignung für die Bastfaserspinnerei
1953, 64 Seiten, 30 Abb., DM 12,50

HEFT 27
Prof. Dr. E. Schratz, Münster
Untersuchungen zur Rentabilität des Arzneipflanzenanbaues Römische Kamille, Anthemis nobilis L.
1953, 16 Seiten, 1 Tabelle, DM 3,60

HEFT 28
Prof. Dr. E. Schratz, Münster
Calendula officinalis L. Studien zur Ernährung, Blütenfüllung und Rentabilität der Drogengewinnung
1953, 24 Seiten, 2 Abb., 3 Tabellen, DM 5,20

HEFT 29
Techn.-Wissenschaftl. Büro für die Bastfaserindustrie, Bielefeld
Die Ausnützung der Leinengarne in Geweben
1953, 100 Seiten, 14 Abb., 10 Tabellen, DM 17,80

HEFT 30
Gesellschaft für Kohlentechnik mbH., Dortmund-Eving
Kombinierte Entaschung und Verschwelung von Steinkohle; Aufarbeitung von Steinkohlenschlämmen zu verkokbarer oder verschwelbarer Kohle
1953, 56 Seiten, 16 Abb., 10 Tabellen, DM 10,50

HEFT 31
Dipl.-Ing. A. Stormanns, Essen
Messung des Leistungsbedarfs von Doppelsteg-Kettenförderern
1954, 54 Seiten, 18 Abb., 3 Anlagen, DM 11,—

HEFT 32
Techn.-Wissenschaftl. Büro für die Bastfaserindustrie, Bielefeld
Der Einfluß der Natriumchloridbleiche auf Qualität und Verwebbarkeit von Leinengarnen und die Eigenschaften der Leinengewebe unter besonderer Berücksichtigung des Einsatzes von Schützen- und Spulenwechselautomaten in der Leinenweberei
1953, 64 Seiten, 2 Abb., 12 Tabellen, DM 11,50

HEFT 33
Kohlenstoffbiologische Forschungsstation e. V.
Eine Methode zur Bestimmung von Schwefeldioxyd und Schwefelwasserstoff in Rauchgasen und in der Atmosphäre
1953, 32 Seiten, 8 Abb., 3 Tabellen, DM 6,50

HEFT 34
Textilforschungsanstalt Krefeld
Quellungs- und Entquellungsvorgänge bei Faserstoffen
1953, 52 Seiten, 13 Abb., 13 Tabellen, DM 9,80

WESTDEUTSCHER VERLAG · KÖLN UND OPLADEN

HEFT 35
Professor Dr. W. Kast, Krefeld
Feinstrukturuntersuchungen an künstlichen Zellulosefasern verschiedener Herstellungsverfahren. Teil I: Der Orientierungszustand
1953, 74 Seiten, 30 Abb., 7 Tabellen, DM 13,80

HEFT 36
Forschungsinstitut der feuerfesten Industrie, Bonn
Untersuchungen über die Trocknung von Rohton
Untersuchungen über die chemische Reinigung von Silika- und Schamotte-Rohstoffen mit chlorhaltigen Gasen
1953, 60 Seiten, 5 Abb., 5 Tabellen, DM 11,—

HEFT 37
Forschungsinstitut der feuerfesten Industrie, Bonn
Untersuchungen über den Einfluß der Probenvorbereitung auf die Kaltdruckfestigkeit feuerfester Steine
1953, 40 Seiten, 2 Abb., 5 Tabellen, DM 7,80

HEFT 38
Forschungsstelle für Acetylen, Dortmund
Untersuchungen über die Trocknung von Acetylen zur Herstellung von Dissousgas
1953, 36 Seiten, 11 Abb., 3 Tabellen, DM 6,80

HEFT 39
Forschungsgesellschaft Blechverarbeitung e. V., Düsseldorf
Untersuchungen an prägegemusterten und vorgelochten Blechen
1953, 46 Seiten, 34 Abb., DM 9,50

HEFT 40
Landesgeologe Dr.-Ing. W. Wolff,
Amt für Bodenforschung, Krefeld
Untersuchungen über die Anwendbarkeit geophysikalischer Verfahren zur Untersuchung von Spateisengängen im Siegerland
1953, 46 Seiten, 8 Abb., DM 8,80

HEFT 41
Techn.-Wissenschaftl. Büro für die Bastfaserindustrie, Bielefeld
Untersuchungsarbeiten zur Verbesserung des Leinenwebstuhles II
1953, 40 Seiten, 4 Abb., 5 Tabellen, DM 7,80

HEFT 42
Professor Dr. B. Helferich, Bonn
Untersuchungen über Wirkstoffe — Fermente — in der Kartoffel und die Möglichkeit ihrer Verwendung
1953, 58 Seiten, 9 Abb., DM 11,—

HEFT 43
Forschungsgesellschaft Blechverarbeitung e. V., Düsseldorf
Forschungsergebnisse über das Beizen von Blechen
1953, 48 Seiten, 38 Abb., 2 Tabellen, DM 11,30

HEFT 44
Arbeitsgemeinschaft für praktische Dehnungsmessung, Düsseldorf
Eigenschaften und Anwendungen von Dehnungsmeßstreifen
1953, 68 Seiten, 43 Abb., 2 Tabellen, DM 13,70

HEFT 45
Losenhausenwerk Düsseldorfer Maschinenbau AG., Düsseldorf
Untersuchungen von störenden Einflüssen auf die Lastgrenzenanzeige von Dauerschwingprüfmaschinen
1953, 36 Seiten, 11 Abb., 3 Tabellen, DM 7,25

HEFT 46
Prof. Dr. W. Fuchs, Aachen
Untersuchungen über die Aufbereitung von Wasser für die Dampferzeugung in Benson-Kesseln
1953, 58 Seiten, 18 Abb., 9 Tabellen, DM 11,20

HEFT 47
Prof. Dr.-Ing. K. Krekeler, Aachen
Versuche über die Anwendung der induktiven Erwärmung zum Sintern von hochschmelzenden Metallen sowie zur Anlegierung und Vergütung von aufgespritzten Metallschichten mit dem Grundwerkstoff
1954, 66 Seiten, 39 Abb., DM 13,90

HEFT 48
Max-Planck-Institut für Eisenforschung, Düsseldorf
Spektrochemische Analyse der Gefügebestandteile in Stählen nach ihrer Isolierung
1953, 38 Seiten, 8 Abb., 5 Tabellen, DM 7,80

HEFT 49
Max-Planck-Institut für Eisenforschung, Düsseldorf
Untersuchungen über Ablauf der Desoxydation und die Bildung von Einschlüssen in Stählen
1953, 52 Seiten, 19 Abb., 3 Tabellen, DM 12,40

HEFT 50
Max-Planck-Institut für Eisenforschung, Düsseldorf
Flammenspektralanalytische Untersuchung der Ferritzusammensetzung in Stählen
1953, 44 Seiten, 15 Abb., 4 Tabellen, DM 8,60

HEFT 51
Verein zur Förderung von Forschungs- und Entwicklungsarbeiten in der Werkzeugindustrie e. V., Remscheid
Untersuchungen an Kreissägeblättern für Holz, Fehler- und Spannungsprüfverfahren
1953, 50 Seiten, 23 Abb., DM 10,—

HEFT 52
Forschungsstelle für Acetylen, Dortmund
Untersuchungen über den Umsatz bei der explosiblen Zersetzung von Azetylen
a) Zersetzung von gasförmigem Azetylen
b) Zersetzung von an Silikagel absorbiertem Azetylen
1954, 48 Seiten, 8 Abb., 10 Tabellen, DM 9,25

HEFT 53
Professor Dr.-Ing. H. Opitz, Aachen
Reibwert und Verschleißmessungen an Kunststoffgleitführungen für Werkzeugmaschinen
1954, 38 Seiten, 18 Abb., DM 8,20

HEFT 54
Professor Dr.-Ing. F. A. F. Schmidt, Aachen
Schaffung von Grundlagen für die Erhöhung der spez. Leistung und Herabsetzung des spez. Brennstoffverbrauches bei Ottomotoren mit Teilbericht über Arbeiten an einem neuen Einspritzverfahren
1954, 34 Seiten, 15 Abb., DM 7,40

HEFT 55
Forschungsgesellschaft Blechverarbeitung e. V., Düsseldorf
Chemisches Glänzen von Messing und Neusilber
1954, 50 Seiten, 21 Abb., 1 Tabelle, DM 10,20

HEFT 56
Forschungsgesellschaft Blechverarbeitung e. V., Düsseldorf
Untersuchungen über einige Probleme der Behandlung von Blechoberflächen
1954, 52 Seiten, 42 Abb., DM 11,20

HEFT 57
Prof. Dr.-Ing. F. A. F. Schmidt, Aachen
Untersuchungen zur Erforschung des Einflusses des chemischen Aufbaues des Kraftstoffes auf sein Verhalten im Motor und in Brennkammern von Gasturbinen
1954, 70 Seiten, 32 Abb., DM 14,60

HEFT 58
Gesellschaft für Kohlentechnik mbH., Dortmund
Herstellung und Untersuchung von Steinkohlenschwelteer
1954, 74 Seiten, 9 Abb., 9 Tabellen, DM 13,75

HEFT 59
Forschungsinstitut der Feuerfest-Industrie e. V., Bonn
Ein Schnellanalysenverfahren zur Bestimmung von Aluminiumoxyd, Eisenoxyd und Titanoxyd in feuerfestem Material mittels organischer Farbreagenzien auf photometrischem Wege
Untersuchungen des Alkali-Gehaltes feuerfester Stoffe mit dem Flammenphotometer nach Riehm-Lange
1954, 62 Seiten, 12 Abb., 3 Tabellen, DM 11,60

HEFT 60
Forschungsgesellschaft Blechverarbeitung e. V., Düsseldorf
Untersuchungen über das Spritzlackieren im elektrostatischen Hochspannungsfeld
1954, 82 Seiten, 53 Abb., 7 Tabellen, DM 17,—

HEFT 61
Verein zur Förderung von Forschungs- und Entwicklungsarbeiten in der Werkzeugindustrie e. V., Remscheid
Schwingungs- und Arbeitsverhalten von Kreissägeblättern für Holz
1954, 54 Seiten, 31 Abb., DM 11,40

HEFT 62
Professor Dr. W. Franz, Institut für theoretische Physik der Universität Münster
Berechnung des elektrischen Durchschlags durch feste und flüssige Isolatoren
1954, 36 Seiten, DM 7,—

HEFT 63
Textilforschungsanstalt Krefeld
Neue Methoden zur Untersuchung der Wirkungsweise von Textilhilfsmitteln
Untersuchungen über Schlichtungs- und Entschlichtungsvorgänge
1954, 34 Seiten, 1 Abb., 5 Tabellen, DM 6,80

HEFT 64
Textilforschungsanstalt Krefeld
Die Kettenlängenverteilung von hochpolymeren Faserstoffen
Über die fraktionierte Fällung von Polyamiden
1954, 44 Seiten, 13 Abb., DM 8,60

HEFT 65
Fachverband Schneidwarenindustrie, Solingen
Untersuchungen über das elektrolytische Polieren von Tafelmesserklingen aus rostfreiem Stahl
1954, 90 Seiten, 38 Abb., 9 Tabellen, DM 17,35

HEFT 66
Dr.-Ing. P. Füsgen VDI †, Düsseldorf
Untersuchungen über das Auftreten des Ratterns bei selbsthemmenden Schneckengetrieben und seine Verhütung
1954, 32 Seiten, 5 Abb., DM 6,60

HEFT 67
Heinrich Wösthoff o. H. G., Apparatebau, Bochum
Entwicklung einer chemisch-physikalischen Apparatur zur Bestimmung kleinster Kohlenoxyd-Konzentrationen
1954, 94 Seiten, 48 Abb., 2 Tabellen, DM 18,25

HEFT 68
Kohlenstoffbiologische Forschungsstation e. V., Essen
Algengroßkulturen im Sommer 1952
II. Über die unsterile Großkultur von Scenedesmus obliquus
1954, 62 Seiten, 3 Abb., 29 Tabellen, DM 11,40

HEFT 69
Wäschereiforschung Krefeld
Bestimmung des Faserabbaues bei Leinen unter besonderer Berücksichtigung der Leinengarnbleiche
1954, 48 Seiten, 15 Abb., 3 Tabellen, DM 9,60

HEFT 70
Wäschereiforschung Krefeld
Trocknen von Wäschestoffen
1954, 52 Seiten, 18 Abb., 3 Tabellen, DM 10,—

HEFT 71
Prof. Dr.-Ing. K. Leist, Aachen
Kleingasturbinen, insbesondere zum Fahrzeugantrieb
1954, 114 Seiten, 85 Abb., DM 22,—

HEFT 72
Prof. Dr.-Ing. K. Leist, Aachen
Beitrag zur Untersuchung von stehenden geraden Turbinengittern mit Hilfe von Druckverteilungsmessungen
1954, 152 Seiten, 111 Abb., DM 36,20

HEFT 73
Prof. Dr.-Ing. K. Leist, Aachen
Spannungsoptische Untersuchungen von Turbinenschaufelfüßen
1954, 66 Seiten, 46 Abb., 2 Tabellen, DM 14,60

HEFT 74
Max-Planck-Institut für Eisenforschung, Düsseldorf
Versuche zur Klärung des Umwandlungsverhaltens eines sonderkarbidbildenden Chromstahls
1954, 58 Seiten, 10 Abb., DM 14,—

HEFT 75
Max-Planck-Institut für Eisenforschung, Düsseldorf
Zeit-Temperatur-Umwandlungs-Schaubilder als Grundlage der Wärmebehandlung der Stähle
1954, 44 Seiten, 13 Abb., DM 8,70

HEFT 76
Max-Planck-Institut für Arbeitsphysiologie, Dortmund
Arbeitstechnische und arbeitsphysiologische Rationalisierung von Mauersteinen
1954, 52 Seiten, 12 Abb., 3 Tabellen, DM 10,20

HEFT 77
Meteor Apparatebau Paul Schmeck GmbH., Siegen
Entwicklung von Leuchtstoffröhren hoher Leistung
1954, 46 Seiten, 12 Abb., 2 Tabellen, DM 9,15

HEFT 78
Forschungsstelle für Acetylen, Dortmund
Über die Zustandsgleichung des gasförmigen Acetylens und das Gleichgewicht Acetylen — Aceton
1954, 42 Seiten, 3 Abb., 8 Tabellen, DM 8,—

HEFT 79
Techn.-Wissenschaftl. Büro für die Bastfaserindustrie, Bielefeld
Trocknung von Leinengarnen III
Spinnspulen- und Spinnkopstrocknung
Vorgang und Einwirkung auf die Garnqualität
1954, 74 Seiten, 18 Abb., 10 Tabellen, DM 14,—

WESTDEUTSCHER VERLAG · KÖLN UND OPLADEN

HEFT 80
Techn.-Wissenschaftl. Büro für die Bastfaserindustrie, Bielefeld
Die Verarbeitung von Leinengarn auf Webstühlen mit und ohne Oberbau
1954, 30 Seiten, 2 Abb., 2 Tabellen, DM 6,—

HEFT 81
Prüf- und Forschungsinstitut für Ziegeleierzeugnisse, Essen-Kray
Die Einführung des großformatigen Einheits-Gitterziegels im Lande Nordrhein-Westfalen
1954, 54 Seiten, 2 Abb., 2 Tabellen, DM 10,—

HEFT 82
Vereinigte Aluminium-Werke AG., Bonn
Forschungsarbeiten auf dem Gebiet der Veredelung von Aluminium-Oberflächen
1954, 46 Seiten, 34 Abb., DM 9,60

HEFT 83
Prof. Dr. S. Strugger, Münster
Über die Struktur der Proplastiden
1954, 30 Seiten, 15 Abb., DM 8,40

HEFT 84
Dr. H. Baron, Düsseldorf
Über Standardisierung von Wundtextilien
1954, 32 Seiten, DM 6,40

HEFT 85
Textilforschungsanstalt Krefeld
Physikalische Untersuchungen an Fasern, Fäden, Garnen und Geweben:
Untersuchungen am Knickscheuergerät nach Weltzien
1954, 40 Seiten, 11 Abb., 8 Tabellen, DM 10,—

HEFT 86
Prof. Dr.-Ing. H. Opitz, Aachen
Untersuchungen über das Fräsen von Baustahl sowie über den Einfluß des Gefüges auf die Zerspanbarkeit
1954, 108 Seiten, 73 Abb., 7 Tabellen, DM 22,—

HEFT 87
Gemeinschaftsausschuß Verzinken, Düsseldorf
Untersuchungen über Güte von Verzinkungen
1954, 68 Seiten, 56 Abb., 3 Tabellen, DM 15,30

HEFT 88
Gesellschaft für Kohlentechnik mbH., Dortmund-Eving
Oxydation von Steinkohle mit Salpetersäure
1954, 62 Seiten, 2 Abb., 1 Tabelle, DM 11,50

HEFT 89
Verein Deutscher Ingenieure, Gleitlagerforschung, Düsseldorf und Prof. Dr.-Ing. G. Vogelpohl, Göttingen
Versuche mit Preßstoff-Lagern für Walzwerke
1954, 70 Seiten, 34 Abb., DM 14,10

HEFT 90
Forschungs-Institut der Feuerfest-Industrie, Bonn
Das Verhalten von Silikasteinen im Siemens-Martin-Ofengewölbe
1954, 62 Seiten, 15 Abb., 11 Tabellen, DM 11,90

HEFT 91
Forschungs-Institut der Feuerfest-Industrie, Bonn
Untersuchungen des Zusammenhanges zwischen Leistung und Kohlenverbrauch von Kammeröfen zum Brennen von feuerfesten Materialien
1954, 42 Seiten, 6 Abb., DM 8,30

HEFT 92
Techn.-Wissenschaftl. Büro für die Bastfaserindustrie, Bielefeld
und Laboratorium für textile Meßtechnik, M.-Gladbach
Messungen von Vorgängen am Webstuhl
1954, 76 Seiten, 45 Abb., DM 15,50

HEFT 93
Prof. Dr. W. Kast, Krefeld
Spinnversuche zur Strukturerfassung künstlicher Zellulosefasern
1954, 82 Seiten, 39 Abb., 6 Tabellen, DM 16,—

HEFT 94
Prof. Dr. G. Winter, Bonn
Die Heilpflanzen des MATTHIOLUS (1611) gegen Infektionen der Harnwege und Verunreinigung der Wunden bzw. zur Förderung der Wundheilung im Lichte der Antibiotikaforschung
1954, 58 Seiten, 1 Abb., 2 Tabellen, DM 11,50

HEFT 95
Prof. Dr. G. Winter, Bonn
Untersuchungen über die flüchtigen Antibiotika aus der Kapuziner- (Tropaeolum maius) und Gartenkresse (Lepidium sativum) und ihr Verhalten im menschlichen Körper bei Aufnahme von Kapuziner- bzw. Gartenkressensalat per os
1955, 74 Seiten, 9 Abb., 25 Tabellen, DM 14,—

HEFT 96
Dr.-Ing. P. Koch, Dortmund
Austritt von Exoelektronen aus Metalloberflächen unter Berücksichtigung der Verwendung des Effektes für die Materialprüfung
1954, 34 Seiten, 13 Abb., DM 7,—

HEFT 97
Ing. H. Stein, Laboratorium für textile Meßtechnik, M.-Gladbach
Untersuchung der Verzugsvorgänge an den Streckwerken verschiedener Spinnereimaschinen
2. Bericht: Ermittlung der Haft-Gleiteigenschaften von Faserbändern und Vorgarnen
1955, 98 Seiten, 54 Abb., DM 21,—

HEFT 98
Fachverband Gesenkschmieden, Hagen
Die Arbeitsgenauigkeit beim Gesenkschmieden unter Hämmern
1955, 132 Seiten, 55 Abb., 9 Tabellen, DM 24,75

HEFT 99
Prof. Dr.-Ing. G. Garbotz, Aachen
Der Kraft- und Arbeitsaufwand sowie die Leistungen beim Biegen von Bewehrungsstählen in Abhängigkeit von den Abmessungen, den Formen und der Güte der Stähle (Ermittlung von Leistungsrichtlinien)
1955, 136 Seiten, 53 Abb., 3 Anlagen, 18 Tabellen, DM 30,—

HEFT 100
Prof. Dr.-Ing. H. Opitz, Aachen
Untersuchungen von elektrischen Antrieben, Steuerungen und Regelungen an Werkzeugmaschinen
1955, 166 Seiten, 71 Abb., 3 Tabellen, DM 31,30

HEFT 101
Prof. Dr.-Ing. H. Opitz, Aachen
Wirtschaftlichkeitsbetrachtungen beim Außenrundschleifen
1955, 100 Seiten, 56 Abb., 3 Tabellen, DM 19,30

HEFT 102
Dr. P. Hölemann, Ing. R. Hasselmann und Ing. G. Dix, Dortmund
Untersuchungen über die thermische Zündung von explosiblen Acetylenzersetzungen in Kapillaren
1954, 44 Seiten, 5 Abb., 4 Tabellen, DM 8,60

HEFT 103
Prof. Dr. W. Weizel, Bonn
Durchführung von experimentellen Untersuchungen über den zeitlichen Ablauf von Funken in komprimierten Edelgasen sowie zu deren mathematischen Berechnung
1955, 46 Seiten, 12 Abb., DM 9,10

HEFT 104
Prof. Dr. W. Weizel, Bonn
Über den Einfluß der Elektroden auf die Eigenschaften von Cadmium-Sulfid-Widerstands-Photozellen
1955, 48 Seiten, 12 Abb., DM 9,45

HEFT 105
Dr.-Ing. R. Meldau, Harsewinkel/Westf.
Auswertung von Gekörn — Analysen des Musterstaubes „Flugasche Fortuna I"
1955, 42 Seiten, 14 Abb., DM 8,50

HEFT 106
ORR. Dr.-Ing. W. Küch, Dortmund
Untersuchungen über die Einwirkung von feuchtigkeitsgesättigter Luft auf die Festigkeit von Leimverbindungen
1954, 60 Seiten, 10 Abb., 6 Tabellen, DM 11,40

HEFT 107
Prof. Dr. H. Lange und Dipl.-Phys. P. St. Pütter, Köln
Über die Konstruktion von Laboratoriumsmagneten
1955, 66 Seiten, 19 Abb., 1 Tabelle, DM 12,30

HEFT 108
Prof. Dr. W. Fuchs, Aachen
Untersuchungen über neue Beizmethoden und Beizabwässer
I. Die Entzunderung von Drähten mit Natriumhydrid
II. Die Aufbereitung von Beizabwässern
1955, 82 S., 15 Abb., 14 Tabellen, 1 Falttafel, DM 15,25

HEFT 109
Dr. P. Hölemann und Ing. R. Hasselmann, Dortmund
Untersuchungen über die Löslichkeit von Azetylen in verschiedenen organischen Lösungsmitteln
1954, 42 Seiten, 10 Abb., 8 Tabellen, DM 8,30

HEFT 110
Dr. P. Hölemann und Ing. R. Hasselmann, Dortmund
Untersuchungen über den Druckverlauf bei der explosiblen Zersetzung von gasförmigem Azetylen
1955, 54 Seiten, 10 Abb., 5 Tabellen, DM 11,—

HEFT 111
Fachverband Steinzeugindustrie, Köln
Die Entwicklung eines Gerätes zur Beschickung seitlicher Feuer von Steinzeug-Einzelkammeröfen mit festen Brennstoffen
1955, 46 Seiten, 16 Abb., DM 9,40

HEFT 112
Prof. Dr.-Ing. H. Opitz, Aachen
Verschleißmessungen beim Drehen mit aktivierten Hartmetallwerkzeugen
1954, 44 Seiten, 17 Abb., 6 Tabellen, DM 8,80

HEFT 113
Prof. Dr. O. Graf, Dortmund
Erforschung der geistigen Ermüdung und nervösen Belastung: Studien über die vegetative 24-Stunden-Rhythmik in Ruhe und unter Belastung
1955, 40 Seiten, 12 Abb., DM 8,20

HEFT 114
Prof. Dr. O. Graf, Dortmund
Studien über Fließarbeitsprobleme an einer praxisnahen Experimentieranlage
1954, 34 Seiten, 6 Abb., DM 7,—

HEFT 115
Prof. Dr. O. Graf, Dortmund
Studium über Arbeitspausen in Betrieben bei freier und zeitgebundener Arbeit (Fließarbeit) und ihre Auswirkung auf die Leistungsfähigkeit
1955, 50 Seiten, 13 Abb., 2 Tabellen, DM 9,80

HEFT 116
Prof. Dr.-Ing. E. Siebel und Dr.-Ing. H. Weiss, Stuttgart
Untersuchungen an einigen Problemen des Tiefziehens — I. Teil
1955, 74 Seiten, 50 Abb., 5 Tabellen, DM 14,50

HEFT 117
Dr.-Ing. H. Beißwänger, Stuttgart, und Dr.-Ing. S. Schwandt, Trier
Untersuchungen an einigen Problemen des Tiefziehens — II. Teil
1955, 92 Seiten, 34 Abb., 8 Tabellen, DM 17,70

HEFT 118
Prof. Dr. E. A. Müller und Dr. H. G. Wenzel, Dortmund
Neuartige Klima-Anlage zur Erzeugung ungleicher Luft- und Strahlungstemperaturen in einem Versuchsraum
1955, 68 Seiten, 10 z. T. mehrfarb. Abb., DM 14,—

HEFT 119
Dr.-Ing. O. Viertel, Krefeld
Wäscherei- und energietechnische Untersuchung einer Gemeinschafts-Waschanlage
1955, 50 Seiten, 18 Abb., DM 10,20

HEFT 120
Dipl.-Ing. A. Weisbecker, Lüdenscheid
Über Anfressung an Reinstaluminium-Schweißnähten bei der elektrolytischen Oxydation
Gebr. Hörstermann GmbH., Velbert
Entwicklung und Erprobung eines neuartigen Gummibandförderers
1955, 46 Seiten, 18 Abb., DM 9,70

HEFT 121
Dr. H. Krebs, Bonn
I. Die Struktur und die Eigenschaften der Halbmetalle
II. Die Bestimmung der Atomverteilung in amorphen Substanzen
III. Die chemische Bindung in anorganischen Festkörpern und das Entstehen metallischer Eigenschaften
1955, 124 Seiten, 36 Abb., 13 Tabellen, DM 22,90

HEFT 122
Prof. Dr. W. Fuchs, Aachen
Untersuchungen zur Verbesserung der Wasseraufbereitung und Wasseranalyse:
Über die Schnellbewertung von Ionenaustauscher
1955, 62 Seiten, 32 Abb., DM 12,30

HEFT 123
Dipl.-Ing. J. Emondts, Aachen
Über Bodenverformungen bei stark gestörtem und mächtigen, wasserführendem Deckgebirge im Aachener Steinkohlengebiet
1955, 196 Seiten, 37 Abb., 10 Tabellen, DM 28,80

HEFT 124
Prof. Dr. R. Seyffert, Köln
Wege und Kosten der Distribution der Hausratwaren im Lande Nordrhein-Westfalen
1955, 74 Seiten, 25 Tabellen, DM 9,—

WESTDEUTSCHER VERLAG · KÖLN UND OPLADEN

HEFT 125
Prof. Dr. E. Kappler, Münster
Eine neue Methode zur Bestimmung von Kondensations-Koeffizienten von Wasser
1955, 46 Seiten, 11 Abb., 1 Tabelle, DM 9,10

HEFT 126
Prof. Dr.-Ing. J. Mathieu, Aachen
Arbeitszeitvergleich
Grundlagen, Methodik und praktische Durchführung
1955, 70 Seiten, DM 13,—

HEFT 127
Güteschutz Betonstein e. V., Arbeitskreis Nordrhein-Westfalen, Dortmund
Die Betonwaren-Gütesicherung im Lande Nordrhein-Westfalen
1955, 58 Seiten, 15 Abb., 3 Tabellen, DM 11,50

HEFT 128
Prof. Dr. O. Schmitz-DuMont, Bonn
Untersuchungen über Reaktionen in flüssigem Ammoniak
1955, 96 Seiten, 11 Abb., 6 Tabellen, DM 17,75

HEFT 129
Prof. Dr.-Ing. J. Mathieu und Dr. C. A. Roos, Aachen
Die Anlernung von Industriearbeitern
I. Ergebnisse einer grundsätzlichen Untersuchung der gegenwärtigen Industriearbeiter-Kurzanlernung
1955, 106 Seiten, DM 19,70

HEFT 130
Prof. Dr.-Ing. J. Mathieu und Dr. C. A. Roos, Aachen
Die Anlernung von Industriearbeitern
II. Beiträge zur Methodenfrage der Kurzanlernung
1955, 108 Seiten, DM 19,90

HEFT 131
Dr. W. Hoerburger, Köln
Versuche zur Biosynthese von Eiweiß aus Kohlenwasserstoff
1955, 34 Seiten, 2 Abb DM 6,90

HEFT 132
Prof. Dr. W. Seith, Münster
Über Diffusionserscheinungen in festen Metallen
1955, 42 Seiten, 19 Abb., 4 Tabellen, DM 9,10

HEFT 133
Prof. Dr. E. Jenckel, Aachen
Über einen für Schwermetalle selektiven Ionenaustauscher
1955, 48 Seiten, 8 Abb., 13 Tabellen, DM 9,50

HEFT 134
Prof. Dr.-Ing. H. Winterhager, Aachen
Über die elektrochemischen Grundlagen der Schmelzfluß-Elektrolyse von Bleisulfid in geschmolzenen Mischungen mit Bleichlorid
1955, 54 Seiten, 20 Abb., 5 Tabellen, DM 11,80

HEFT 135
Prof. Dr.-Ing. K. Krekeler und Dr.-Ing. H. Peukert, Aachen
Die Änderung der mechanischen Eigenschaften thermoplastischer Kunststoffe durch Warmrecken
1955, 54 Seiten, 27 Abb., 1 Tabelle, DM 11,10

HEFT 136
Dipl.-Phys. P. Pilz, Remscheid
Über spezielle Probleme der Zerkleinerungstechnik von Weichstoffen
1955, 58 Seiten, 19 Abb., 2 Tabellen, DM 11,50

HEFT 137
Prof. Dr. W. Baumeister, Münster
Beiträge zur Mineralstoffernährung der Pflanzen
1955, 64 Seiten, 6 Tabellen, DM 11,80

HEFT 138
Dr. P. Hölemann und Ing. R. Hasselmann, Dortmund
Untersuchungen über die Zersetzungswärme von gasförmigem und in Azeton gelöstem Azetylen
1955, 54 Seiten, 8 Abb., 7 Tabellen, DM 10,40

HEFT 139
Prof. Dr. W. Fuchs, Aachen
Studien über die thermische Zersetzung der Kohle und die Kohlendestillatprodukte
1955, 64 Seiten, 20 Abb., 22 Tabellen, DM 11,80

HEFT 140
Dr.-Ing. G. Hausberg, Essen
Modellversuche an Zyklonen
1955, 78 Seiten, 24 Abb., DM 15,70

HEFT 141
Dr. J. van Calker und Dr. R. Wienecke, Münster
Untersuchungen über den Einfluß dritter Analysenpartner auf die spektrochemische Analyse
1955, 42 Seiten, 15 Abb., DM 9,10

HEFT 142
Dipl.-Ing. G. M. F. Wiebel, Hannover, A. Konermann und A. Ottenheym, Sennelager
Entwicklung eines Kalksandleichtsteines
1955, 38 Seiten, 4 Abb., DM 8,—

HEFT 143
Prof. Dr. F. Wever, Dr. A. Rose und Dipl.-Ing. W. Straßburg, Düsseldorf
Härtbarkeit und Umwandlungsverhalten der Stähle
1955, 50 Seiten, 12 Abb., 3 Tabellen, DM 10,70

HEFT 144
Prof. Dr. H. Wurmbach, Bonn
Steuerung von Wachstum und Formbildung
1955, 48 Seiten, 19 Abb., DM 10,30

HEFT 145
Dr. G. Hennemann, Werdohl (Westf.)
Beitrag zur Interpretation der modernen Atomphysik
1955, 34 Seiten, DM 10,—

HEFT 146
Dr.-Ing. F. Gruß, Düsseldorf
Sterilisation mit Heißluft
1955, 34 Seiten, 10 Abb., DM 7,70

HEFT 147
Dr.-Ing. W. Rudisch, Unna
Untersuchung einer drehelastischen Elektromagnet-Synchronkupplung
1955, 82 Seiten, 65 Abb., DM 17,70

HEFT 148
Prof. Dr. H. Bittel u. Dipl.-Phys. L. Storm, Münster
Untersuchungen über Widerstandsrauschen
1955, 40 Seiten, 5 Abb., DM 8,40

HEFT 149
Dipl.-Ing. K. Konopicky und Dipl.-Chem. P. Kampa, Bonn
I. Beitrag zur flammenphotometrischen Bestimmung des Calciums.
Dr.-Ing. K. Konopicky, Bonn
II. Die Wanderung von Schlackenbestandteilen in feuerfesten Baustoffen
1955, 54 Seiten, 10 Abb., 5 Tabellen, DM 11,—

HEFT 150
Prof. Dr.-Ing. O. Kienzle und Dipl.-Ing. W. Timmerbeil, Hannover
Das Durchziehen enger Kragen an ebenen Fein- und Mittelblechen
1955, 52 Seiten, 20 Abb., 8 Tabellen, DM 11,30

HEFT 151
Dipl.-Ing. P. Karabasch, Aachen
Feststellung des optimalen Gasgehaltes von Bronzen zur Erzielung druckdichter Gußstücke
1956, 64 Seiten, 31 Abb., 5 Tabellen, DM 13,90

HEFT 152
Dipl.-Ing. G. Müller, Köln
Ermittlung der Laufeigenschaften (Vergießbarkeit) von Bronze und Rotguß mittels der Schneider-Gießspirale
1955, 60 Seiten, 33 Abb., DM 13,30

HEFT 153
Prof. Dr. F. Wever, Dr.-Ing. W. A. Fischer und Dipl.-Ing. J. Engelbrecht, Düsseldorf
I. Die Reduktion sauerstoffhaltiger Eisenschmelzen im Hochvakuum mit Wasserstoff und Kohlenstoff
II. Einfluß geringer Sauerstoffgehalte auf das Gefüge und Alterungsverhalten von Reineisen
1955, 54 Seiten, 15 Abb., 2 Tabellen, DM 12,40

HEFT 154
Prof. Dr.-Ing. P. Bardenheuer und Dr.-Ing. W. A. Fischer, Düsseldorf
Die Verschlackung von Titan aus Stahlschmelzen im sauren und basischen Hochfrequenzofen unter verschiedenen Schlacken
1955, 36 Seiten, 10 Abb., 1 Tabelle, DM 7,95

HEFT 155
Dipl.-Phys. K. H. Schirmer, München
Die auf Grau abgestimmte Farbwiedergabe im Dreifarbenbuchdruck
1955, 46 Seiten, 17 Abb., 2 Farbtafeln, DM 10,—

HEFT 156
Prof. Dr.-Ing. B. von Borries und Mitarbeiter, Düsseldorf
Die Entwicklung regelbarer permanentmagnetischer Elektronenlinsen hoher Brechkraft und eines mit ihnen ausgerüsteten Elektronenmikroskopes neuer Bauart
1956, 102 Seiten, 52 Abb., DM 22,55

HEFT 157
Dr. W. Jawtusch, Dr. G. Schuster und Prof. Dr.-Ing. R. Jaeckel, Bonn
Untersuchungen über die Stoßvorgänge zwischen neutralen Atomen und Molekülen
1955, 48 Seiten, 15 Abb., 3 Tabellen, DM 10,50

HEFT 158
Dipl.-Ing. W. Rosenkranz, Meinerzhagen
Ein Beitrag zum Problem der Spannungskorrosion bei Preßprofilen und Preßteilen aus Aluminium-Legierungen
1956, 112 Seiten, 61 Abb., 5 Tabellen, DM 27,40

HEFT 159
Dr.-Ing. O. Viertel und O. Oldenroth, Krefeld
Das Bleichen von Weißwäsche mit Wasserstoffsuperoxyd bzw. Natriumhypochlorit beim maschinellen Waschen
1955, 54 Seiten, 23 Abb., 2 Tabellen, DM 11,45

HEFT 160
Prof. Dr. W. Klemm, Münster
Über neue Sauerstoff- und Fluor-haltige Komplexe
1955, 50 Seiten, 13 Abb., 7 Tabellen, DM 10,80

HEFT 161
Prof. Dr. W. Weltzien und Dr. G. Hauschild, Krefeld
Über Silikone und ihre Anwendung in der Textilveredlung
1955, 162 Seiten, 22 Abb., 10 Tabellen, DM 27,—

HEFT 162
Prof. Dr. F. Wever, Prof. Dr. A. Kochendörfer und Dr.-Ing. Chr. Rohrbach, Düsseldorf
Kennzeichnung der Sprödbruchneigung von Stählen durch Messung der Fließspannung, Reißspannung und Brucheinschnürung an dreiachsig beanspruchten Proben
1955, 58 Seiten, 26 Abb., DM 13,—

HEFT 163
Dipl.-Ing. W. Rohs und Text.-Ing. H. Griese, Bielefeld
Untersuchungsarbeiten zur Verbesserung des Leinenwebstuhls III
1955, 80 Seiten, 15 Abb., 18 Tabellen, DM 15,80

HEFT 164
Dr.-Ing. H. Schmachtenberg, Köln
Neuartige Prüfeinrichtungen für Kraftfahrzeuge
1955, 44 Seiten, 23 Abb., DM 9,60

HEFT 165
Dr.-Ing. W. Wilhelm, Aachen
Instationäre Gasströmung im Auspuffsystem eines Zweitaktmotors
1955, 62 Seiten, 31 Abb., 8 Tabellen, DM 13,60

HEFT 166
Prof. Dr. M. v. Stackelberg, Dr. H. Heindze, Dr. H. Hübschke und Dr. K. H. Frangen, Bonn
Kolloidchemische Untersuchungen
1955, 106 Seiten, 8 Abb., 13 Tabellen, DM 21,25

HEFT 167
Prof. Dr.-Ing. F. Schuster, Essen
I. Über die Heißkarburierung von Brenngasen mit Ölen und Teeren
II. Die Strahlungsvorgänge in brennstoffbeheizten Öfen bei verschiedenen Verbrennungsatmosphären
1955, 38 Seiten, 8 Abb., DM 8,30

HEFT 168
Prof. Dr.-Ing. F. Schuster, Essen
I. Luftvorwärmung an Gasfeuerungen
II. Heizwerthöhe von Brenngasen und Wirkungsgrad sowie Gasverbrauch bei der Gasverwendung
III. Sauerstoffangereicherte Luft und feuerungstechnische Kenngrößen von Brenngasen
1955, 60 Seiten, 18 Abb., DM 12,50

HEFT 169
Forschungsinstitut für Pigmente und Lacke, Stuttgart
Arbeiten über die Bestimmung des Gebrauchswertes von Lackfilmen durch physikalische Prüfung
1955, 70 Seiten, 23 Abb., 4 Tabellen, DM 15,—

HEFT 170
Prof. Dr. F. Wever, Dr. A. Rose und Dipl.-Ing L. Rademacher, Düsseldorf
Anwendung der Umwandlungsschaubilder auf Fragen der Werkstoffauswahl beim Schweißen und Flammhärten
1955, 64 Seiten, 25 Abb., DM 13,70

HEFT 171
Wäschereiforschung Krefeld
Untersuchung der Wäscheentwässerung mit Hilfe von Zentrifugen und Pressen
1955, 42 Seiten, 16 Abb., 4 Tabellen, DM 9,70

HEFT 172
Dipl.-Ing. W. Rohs, Dr.-Ing. G. Satlow und Text.-Ing. G. Heller, Bielefeld
Trocknung von Hanfgarnen. Kreuzspultrocknung
1955, 60 Seiten, 7 Abb., 4 Tabellen, DM 10,30

HEFT 173
Prof. Dr. R. Hosemann und Dipl.-Phys. G. Schoknecht, Berlin, vorgelegt von Prof. Dr. W. Kast, Krefeld
Lichtoptische Herstellung und Diskussion der Faltungsquadrate parakristalliner Gitter
1956, 108 Seiten, 63 Abb., 6 Tabellen, DM 24,70

HEFT 174
Prof. Dr. W. von Fragstein, Dr. J. Meingast und H. Hoch, Köln
Herstellung von Solen einheitlicher Teilchengröße und Ermittlung ihrer optischen Eigenschaften
1955, 78 Seiten, 80 Abb., 4 Tabellen, DM 18,25

HEFT 175
Dr.-Ing. H. Zeller, Aachen
Beitrag zur eindimensionalen stationären und nichtstationären Gasströmung mit Reibung und Wärmeleitung, insbesondere in Rohren mit unstetigen Querschnittsänderungen.
1956, 138 Seiten, 56 Abb., DM 29,30

HEFT 176
Dipl.-Ing. H. Schöberl, Duisburg
Über die Methoden zur Ermittlung der Verbrennungstemperatur von Brennstoffen und ein Vorschlag zu ihrer Verbesserung
1955, 30 Seiten, 3 Abb., DM 6,50

HEFT 177
Dipl.-Ing. H. Stüdemann, Solingen, und Dr.-Ing. W. Müchler, Essen
Entwicklung eines Verfahrens zur zahlenmäßigen Bestimmung der Schneideigenschaften von Messerklingen
1956, 104 Seiten, 68 Abb., 4 Tabellen, DM 22,20

HEFT 178
Prof. Dr. M. von Stackelberg u. Dr. W. Hans, Bonn
Untersuchungen zur Ausarbeitung und Verbesserung von polarographischen Analysenmethoden
1955, 46 Seiten, 14 Abb., DM 10,50

HEFT 179
Dipl.-Ing. H. F. Reineke, Bochum
Entwicklungsarbeiten auf dem Gebiete der Meß- und Regeltechnik
1955, 46 Seiten, 10 Abb., DM 10,—

HEFT 180
Dr.-Ing. W. Piepenburg, Dipl.-Ing. B. Bühling und Bauing. J. Behnke, Köln
Putzarbeiten im Hochbau und Versuche mit aktiviertem Mörtel und mechanischem Mörtelauftrag
1955, 116 Seiten, 31 Abb., 68 Tabellen, DM 23,—

HEFT 181
Prof. Dr. W. Franz, Münster
Theorie der elektrischen Leitvorgänge in Halbleitern und isolierenden Festkörpern bei hohen elektrischen Feldern
1955, 28 Seiten, 2 Abb., 1 Tabelle, DM 6,20

HEFT 182
Dr.-Ing. P. Schenk u. Dr. K. Osterloh, Düsseldorf
Katalytisch-thermische Spaltung von gasförmigen und flüssigen Kohlenwasserstoffen zur Spitzengaserzeugung
1955, 50 Seiten, 11 Abb., 11 Tabellen, DM 10,90

HEFT 183
Dr. W. Bornheim, Köln
Entwicklungsarbeiten an Flaschen- und Ampullen-Behandlungsmaschinen für die pharmazeutische Industrie
1956, 48 Seiten, 24 Abb., DM 11,70

HEFT 184
Dr.-Ing. E. Printz, Kettwig
Vollhydraulische Parallel-Kupplung für Ackerschlepper
1955, 32 Seiten, 4 Abb., DM 7,80

HEFT 185
Dipl.-Ing. W. Rohs und Text.-Ing. G. Heller, Bielefeld
Studien an einem neuzeitlichen Kreuzspultrockner für Bastfasergarne mit Wiederbefeuchtungszone
1955, 52 Seiten, 9 Abb., 3 Tabellen, DM 10,70

HEFT 186
Dr. E. Wedekind, Krefeld
Untersuchungen zur Arbeitsbestgestaltung bei der Fertigstellung von Oberhemden in gewerblichen Wäschereien
1955, 124 Seiten, 28 Abb., 6 Tabellen, 2 Falttaf., DM 12,—

HEFT 187
Dipl.-Ing. F. Göttgens, Essen
Über die Eigenarten der Bimetall-, Thermo- und Flammenionisationssicherungsmethode in ihrer Anwendung auf Zündsicherungen
1955, 40 Seiten, 6 Abb., 4 Tabellen, DM 8,40

HEFT 188
W. Kinnebrock, Langenberg (Rhld.)
Der Einfluß des Austausches gleicher Gaskochbrenner bzw. Gaskochbrennerteile auf den Wirkungsgrad und insbesondere auf den CO-Gehalt der Verbrennungsgase
1955, 42 Seiten, 7 Tabellen, DM 8,70

HEFT 189
Fa. E. Leybold's Nachfolger, Köln
I. Ausgewählte Kapitel aus der Vakuumtechnik
II. Zum Verlust anorganisch-nichtflüchtiger Substanzen während der Gefriertrocknung
1955, 52 Seiten, 16 Abb., 3 Tabellen, DM 11,20

HEFT 190
Prof. Dr. A. Neuhaus, Prof. Dr. O. Schmitz-DuMont und Dipl.-Chem. H. Reckhard, Bonn
Zur Kenntnis der Alkalititanate
1955, 60 Seiten, 13 Abb., 1 Tabelle, DM 12,20

HEFT 191
Dr. H. Söhngen, Darmstadt
Schwingungsverhalten eines Schaufelkranzes im Vakuum
1955, 36 Seiten, 7 Abb., DM 7,80

HEFT 192
Dipl.-Phys. E. M. Schneider, München
Kohlebogenlampen für Aufnahme und Kopie
1955, 48 Seiten, 21 Abb., 3 Tabellen, DM 10,60

HEFT 193
Prof. Dr. O. Schmitz-DuMont, Bonn
Untersuchungen über neue Pigmentfarbstoffe
1956, 50 Seiten, 16 Abb., 8 Tabellen, DM 11,20

HEFT 194
Dr. K. Hecht, Köln
Entwicklung neuartiger physikalischer Unterrichtsgeräte
1955, 42 Seiten, 16 Abb., DM 9,90

HEFT 195
Dr.-Ing. E. Rößger, Köln
Gedanken über einen neuen deutschen Luftverkehr
1955, 342 Seiten, 29 Abb., 122 Tabellen, DM 50,—

HEFT 196
Dipl.-Ing. W. Rohs und Text.-Ing. H. Griese, Bielefeld
Auswirkungen von Garnfehlern bei der Verarbeitung von Leinengarnen
1955, 36 Seiten, 3 Abb., 6 Tabellen, DM 7,80

HEFT 197
Dr. E. Wedekind, Krefeld
Untersuchungen zur Bestimmung der optimalen Arbeitsplatzgröße bei Mehrstuhlarbeit in der Weberei
1955, 92 Seiten, 34 Abb., DM 18,50

HEFT 198
Prof. Dr. J. Weissinger, Karlsruhe
Zur Aerodynamik des Ringflügels. Die Druckverteilung dünner, fast drehsymmetrischer Flügel in Unterschallströmung
1955, 42 Seiten, 5 Abb., DM 9,—

HEFT 199
Textilforschungsanstalt Krefeld
Die Messung von Gewebetemperaturen mittels Temperaturstrahlung
1955, 50 Seiten, 12 Abb., DM 10,90

HEFT 200
R. Seipenbusch, Langenberg (Rhld.)
Spitzengas durch Zusatz von Flüssiggas-Wassergas- und Flüssiggas-Generatorgas-Gemischen zu Stadtgas
1955, 48 Seiten, 21 Tabellen, DM 10,35

HEFT 201
Dr.-Ing. E. W. Pleines, Frankfurt/Main
Die Sicherheit im Luftverkehr
1956, 194 Seiten, 39 Abb., 19 Tabellen, DM 39,50

HEFT 202
Dipl.-Ing. D. Fiecke, Stuttgart/Zuffenhausen
Die Bestimmung der Flugzeugpolaren für Entwurfszwecke. I Teil: Unterlagen
1956, 216 Seiten, 171 Diagr., DM 59,70

HEFT 203
Dr. G. Wandel, Bonn
Uferbewachsung und Lebendverbauung an den Nordwestdeutschen Kanälen und ihren Zuflüssen sowie an der Ruhr
1956, 122 Seiten, 88 Abb., DM 25,70

HEFT 204
Dipl.-Ing. B. Naendorf, Langenberg (Rhld.)
Bestimmung der Brenneigenschaften und des Brennverhaltens verschiedener Gasarten und Einfluß verschiedener Düsengestaltung
1955, 32 Seiten, DM 7,10

HEFT 205
Dr. C. Schaarwächter, Düsseldorf
Über plastische Kupfer-Eisen-Phosphor-Legierungen
1936, 36 Seiten, 10 Abb., 10 Tabellen, DM 8,30

HEFT 206
Dr. P. Hölemann, Ing. R. Hasselmann und Ing. G. Dix, Dortmund
Untersuchungen über die Vorgänge bei der Zersetzung von in Azeton gelöstem Azetylen
1956, 74 Seiten, 7 Abb., 7 Tabellen, DM 15,55

HEFT 207
Prof. Dr.-Ing. H. Opitz, Dipl.-Ing. K. H. Fröhlich und Dipl.-Ing. H. Siebel, Aachen
Richtwerte für das Fräsen von unlegierten und legierten Baustählen mit Hartmetall. I. Teil
1956, 48 Seiten, 27 Abb., 3 Tabellen, DM 11,10

HEFT 208
Prof. Dr.-Ing. H. Müller, Essen
Untersuchung von Elektrowärmegeräten für Laienbedienung hinsichtlich Sicherheit und Gebrauchsfähigkeit. I. Untersuchungen an Kochplatten
1956, 100 Seiten, 76 Abb., 7 Tabellen, DM 22,70

HEFT 209
Dr. K. Bunge, Leverkusen
Materialabbau in Funkenentladungen. Untersuchungen an Zinkkathoden
1956, 54 Seiten, 10 Abb., 5 Tabellen, DM 11,40

HEFT 210
Dr. W. Porschen und Prof. Dr. W. Riezler, Bonn
Langlebige Alphaaktivitäten bei natürlichen Elementen
1955, 40 Seiten, 5 Abb., 4 Tabellen, DM 8,80

HEFT 211
Prof. Dipl.-Ing. W. Sturtzel und Dr.-Ing. W. Graff, Duisburg
Die Versuchsanstalt für Binnenschiffbau, Duisburg
1956, 48 Seiten, 22 Abb., 11,—

HEFT 212
Dipl.-Ing. H. Spodig, Selm
Untersuchung zur Anwendung der Dauermagnete in der Technik
1955, 44 Seiten, 25 Abb., DM 9,80

HEFT 213
Dipl.-Ing. K. F. Rittinghaus, Aachen
Zusammenstellung eines Meßwagens für Bau- und Raumakustik
1957, 96 Seiten 17 Abb., 7 Tabellen DM 19,80

HEFT 214
Dr.-Ing. J. Endres, München
Berechnung der optimalen Leistungen, Kraftstoffverbräuche und Wirkungsgrade von Einkreis-Turbolader-Strahltriebwerken am Boden und in der Höhe bei Fluggeschwindigkeiten von 0—2000 km/h
1956, 72 Seiten, 18 Abb., 8 Tabellen, DM 15,40

HEFT 215
Prof. Dr.-Ing. H. Opitz und Dr.-Ing. G. Weber, Aachen
Einfluß der Wärmebehandlung von Baustählen auf Spanentstehung, Schnittkraft- und Standzeitverhalten
1956, 80 Seiten, 30 Abb., 10 Tabellen, DM 18,40

HEFT 216
Dr. E. Kloth, Köln
Untersuchungen über die Ausbreitung kurzer Schallimpulse bei der Materialprüfung mit Ultraschall
1956, 90 Seiten, 60 Abb., 4 Tabellen, DM 19,40

HEFT 217
Rationalisierungskuratorium der Deutschen Wirtschaft (RKW), Frankfurt/Main
Typenvielzahl bei Haushaltgeräten und Möglichkeiten einer Beschränkung
1956, 328 Seiten, 2 Abb., 181 Tabellen, DM 49,50

HEFT 218
Dr. F. Keune, Aachen
Bericht über eine Theorie der Strömung um Rotationskörper ohne Anstellung bei Machzahl Eins
1955, 40 Seiten, 8 Abb., 5 Formelblätter, DM 8,80

WESTDEUTSCHER VERLAG · KÖLN UND OPLADEN

HEFT 219
Prof. Dr. W. Fuchs, Aachen
Untersuchungen zur Holzabfallverwertung und zur Chemie des Lignins
1955, 54 Seiten, 11 Abb., 15 Tabellen DM 11,40

HEFT 220
Prof. Dr. W. Fuchs, Aachen
Die Entwicklung neuer Regel- und Kontroll-Apparate zur coulometrischen Analyse
1956, 76 Seiten, 17 Abb. 23 Tabellen, DM 15,50

HEFT 221
Dr. W. Meyer-Eppler, Bonn
Experimentelle Untersuchungen zum Mechanismus von Stimme und Gehör in der lautsprachlichen Kommunikation *1955, 56 Seiten, 24 Abb., DM 13,45*

HEFT 222
Dr. L. Köllner, Münster, und Dipl.-Volkswirt M. Kaiser, Bochum
Die internationale Wettbewerbsfähigkeit der westdeutschen Wollindustrie *1956, 214 Seiten, DM 39,50*

HEFT 223
Dr.-Ing. K. Alberti und Dr. F. Schwarz, Köln
Über das Problem Hartbrand-Weichbrand
1956, 54 Seiten, 25 Abb., 14 Tabellen, DM 12,10

HEFT 224
Dipl.-Ing. H. Stüdemann und Ing. R. Beu, Solingen
Verfahren zur Prüfung der Korrosionsbeständigkeit von Messerklingen aus rostfreiem Stahl
1956, 82 Seiten, 28 Abb., DM 16,90

HEFT 225
Dr.-Ing. E. Barz, Remscheid
Der Spannungszustand von Gattersägeblättern
1956, 74 Seiten, 54 Abb., DM 16,50

HEFT 226
Technisch-wissenschaftliches Büro für die Bastfaserindustrie, Bielefeld
Untersuchungen zur Verbesserung des Leinenwebstuhles IV
Die Wirkung verschiedener Kettbaumbremsen auf die Verwebung von Leinengarnen
1956, 64 Seiten, 9 Abb., 4 Tabellen, DM 13,50

HEFT 227
Prof. Dr. F. Wever, Düsseldorf und Dr. W. Wepner, Köln
Untersuchung der Alterungsneigung von weichen unlegierten Stählen durch Härteprüfung bei Temperaturen bis 300 Grad C
1956, 34 Seiten, 20 Abb., 3 Tabellen, DM 7,95

HEFT 228
Prof. Dr. F. Wever, Dr. W. Koch, Düsseldorf, und Dr.-Ing. B. A. Steinkopf, Dortmund
Spektrochemische Grundlagen der Analyse von Gemischen aus Kohlenmonoxyd, Wasserstoff und Stickstoff *1956, 42 Seiten, 18 Abb., 1 Tabelle, DM 9,90*

HEFT 229
Prof. Dr. F. Wever, Dr. W. Koch und Dr.-Ing. H. Malissa, Düsseldorf
Über die Anwendung disubstituierter Dithiocarbamate der analytischen Chemie
1956, 44 Seiten, 30 Abb., 5 Tabellen, DM 10,50

HEFT 230
Prof. Dr. F. Wever, Düsseldorf, und Dr. W. Wepner, Köln
Bestimmung kleiner Kohlenstoffgehalte im Alpha-Eisen durch Dämpfungsmessung
1956, 34 Seiten, 5 Abb., 2 Tabellen, DM 7,70

HEFT 231
Dr.-Ing. W. Küch, Dortmund
Über die Wechselwirkung zwischen Holzschutzbehandlung und Verleimung
1956, 48 Seiten, 10 Abb., 8 Tabellen, DM 10,40

HEFT 232
Prof. Dr.-Ing. O. Kienzle, Hannover, und Dr.-Ing. H. Münnich, Schweinfurt
Feststellung der Spannungen und Dehnungen und Bruchdrehzahlen der unter Fliehkraft und Bearbeitungskraft beanspruchten Schleifkörper
in Vorbereitung

HEFT 233
Dr. H. Haase, Hamburg
Infrarot-Bibliographie *1956, 90 Seiten, DM 17,80*

HEFT 234
Dr.-Ing. K. G. Speith und Dr.-Ing. A. Bungeroth, Duisburg
Versuche zur Steigerung des Kokillen-Schluckvermögens beim Stranggießen von Stahl
1956, 26 Seiten, 5 Abb., DM 6,15

HEFT 235
Prof. Dr.-Ing. K. Leist und Dipl.-Ing. W. Dettmering, Aachen
Turbinenschaufeln aus Kunststoff für Kaltluftversuchsanlagen
1956, 46 Seiten, 43 Abb., 3 Tabellen, DM 12,30

HEFT 236
Dr.-Ing. O. Viertel und S. Lucas, Krefeld
Ergebnisse einer Hausfrauenbefragung über Wascheinrichtungen und Waschmethoden in städtischen Haushaltungen
1956, 34 Seiten, 4 Abb., DM 7,60

HEFT 237
Dr. P. Endler und Dr. H. Ludes, Köln
Bericht über eine Studienreise zur Orientierung der heutigen Behandlung der Lungentuberkulose in den Vereinigten Staaten von Nordamerika
1956, 32 Seiten, DM 7,10

HEFT 238
Institut für textile Meßtechnik, M.-Gladbach, e. V.
Untersuchungen der Verzugsvorgänge an den Streckwerken verschiedener Spinnereimaschinen. 3. Bericht: Theoretische Betrachtungen über den Einfluß schlagender Zylinder und Druckrollen
1956, 66 Seiten, 21 Abb., DM 14,10

HEFT 239
Prof. Dr.-Ing. K. Leist, Dipl.-Ing. H. Scheele, Aachen, und Dipl.-Ing. F. H. Flottmann, Herne
Versuche an einem neuartigen luftgekühlten Hochleistungs-Kolbenkompressor
1956, 72 Seiten, 19 Abb., 7 Tabellen, DM 14,40

HEFT 240
Prof. Dr.-Ing. K. Leist und Dipl.-Ing. H. Scheele, Aachen
Temperaturmessungen an einem einstufigen luftgekühlten 4-Zylinder-Kolbenkompressor mit Kühlgebläse *1956, 74 Seiten, 36 Abb., DM 14,80*

HEFT 241
Prof. Dr.-Ing. K. Leist und Dipl.-Ing. M. Pötke, Aachen
Leistungsversuche an einem Kühlluftgebläse
1956, 60 Seiten, 13 Abb., DM 11,70

HEFT 242
Prof. Dr.-Ing. K. Leist und Dipl.-Ing. K. Graf, Aachen
Straßenfahrzeuge mit Gasturbinenantrieb
1956, 82 Seiten, 63 Abb., DM 17,20

HEFT 243
Prof. Dr.-Ing. K. Leist und Dipl.-Ing. S. Förster, Aachen
Die französische Kleingasturbine Artouste — 1. Teil
1956, 80 Seiten, 41 Abb., DM 15,85

HEFT 244
Prof. Dr. F. Wever, Dr. W. Koch und Dr. S. Eckhard, Düsseldorf
Erfahrungen mit der spektrochemischen Analyse von Gefügebestandteilen des Stahles
1956, 32 Seiten, 8 Abb., 2 Tabellen, DM 7,80

HEFT 245
Prof. Dr.-Ing. habil. K. Krekeler, Aachen
Das Verbinden von Metallen durch Kunstharzkleber. Teil I: Eigenschaften und Verwendung der Metallklebstoffe *1956, 48 Seiten, 8 Abb., DM 10,25*

HEFT 246
Prof. Dr.-Ing. habil. K. Krekeler, Aachen
Das Verbinden von Metallen durch Kunstharzkleber. Teil II: Untersuchungen an geklebten Leichtmetall-Verbindungen *1956, 80 Seiten, 40 Abb., DM 17,50*

HEFT 247
Dr. H. Söhngen, Darmstadt
Strömung vor einem Überschall-Laufrad
1956, 26 Seiten, 4 Abb., DM 7,60

HEFT 248
Rheinische Aktiengesellschaft für Braunkohlenbergbau und Brikettfabrikation, Köln
Untersuchung der Bindemitteleigenschaften von Braunkohlenfilteraschen
1956, 176 Seiten, 26 Abb., 30 Tabellen, DM 35,60

HEFT 249
Dr. M.-E. Meffert, Essen
Weitere Kulturversuche Scenedesmus obliquus
1956, 36 Seiten, 5 Abb., 10 Tabellen, DM 8,—

HEFT 250
Dr. F. Schwarz und Dr.-Ing. K. Alberti, Köln
Entwicklung von Untersuchungsverfahren zur Gütebeurteilung von Industriekalken
1956, 36 Seiten, 9 Abb., DM 16,50

HEFT 251
Prof. Dr. H. Bittel, Münster
Zur Statistik der ferromagnetischen Elementarvorgänge und ihren Einfluß auf das Barkhausenrauschen
1956, 52 Seiten, 14 Abb., DM 11,65

HEFT 252
Dipl.-Ing. H. Frings, Geilenkirchen
Die Wirkung abfallender Wetterführung auf Wettertemperatur, Grubengasgehalt und Staubbildung
1957, 126 Seiten, 23 Abb., 13 Falttafeln, 38 Tab., DM 35,70

HEFT 253
Dipl.-Ing. S. Schirmanski, Berghausen
Stand und Auswertung der Forschungsarbeiten über Temperatur- und Feuchtigkeitsgrenzen bei der bergmännischen Arbeit
1957, 80 Seiten, 24 Abb., 12 Tab., DM 17,10

HEFT 254
Prof. Dr. R. Danneel, Bonn
Quantitative Untersuchungen über die Entwicklung des Ehrlich-Ascitestumors bei Inzuchtmäusen
1956, 52 Seiten, 17 Tabellen, DM 11,75

HEFT 255
Ing. B. v. Schlippe, Bad Nauheim
Strömung von Flüssigkeiten mit temperaturabhängiger Zähigkeit (Kühlung von Öfen)
1956, 54 Seiten, 12 Abb., 4 Tabellen, DM 11,70

HEFT 256
Prof. Dr. C. Schmieden und Dipl.-Math. K. H. Müller, Darmstadt
Die Strömung einer Quellstrecke im Halbraum — eine strenge Lösung der Navier-Stokes-Gleichungen
1956, 40 Seiten, 9 Abb., DM 8,80

HEFT 257
Prof. Dr. G. Lehmann und Dr. J. Tamm, Dortmund
Die Beeinflussung vegetativer Funktionen des Menschen durch Geräusche
1956, 48 Seiten, 25 Abb., 3 Tabellen, DM 11,20

HEFT 258
Dr. H. Paul, Linz (Rhein), und Prof. Dr. O. Graf, Dortmund
Zur Frage der Unfälle im Bergbau
1956, 52 Seiten, 9 Abb., 22 Tabellen, DM 11,20

HEFT 259
Prof. D. W. Linke, Aachen
Strömungsvorgänge in künstlich belüfteten Räumen
1956, 52 Seiten, 37 Abb., 1 Tabelle, DM 11,80

HEFT 260
Prof. Dr. W. Kast, Freiburg (Br.), Prof. Dr. A. H. Stuart und Dipl.-Phys. H. G. Fendler, Hannover
Lichtzerstreuungsmessungen an Lösungen hochpolymerer Stoffe
1956, 70 Seiten, 25 Abb., 5 Tabellen, DM 15,60

HEFT 261
Prof. Dr. W. Kast, Freiburg (Br.)
Feinstruktur-Untersuchungen an künstlichen Zellulosefasern verschiedener Herstellungsverfahren.
Teil II: Der Kristallisationszustand
1956, 80 Seiten, 27 Abb., 11 Tabellen, DM 17,20

HEFT 262
Dr.-Ing. W. Batel, Aachen
Untersuchungen zur Absiebung feuchter, feinkörniger Haufwerke auf Schwingsieben
1956, 100 Seiten, 45 Abb., 5 Tabellen, DM 23,40

HEFT 263
Prof. Dr. H. Lange und Dipl.-Phys. R. Kohlhaas, Köln
Über die Wärmeleitfähigkeit von Stählen bei hohen Temperaturen: Teil I: Literaturbericht
1956, 48 Seiten, 26 Abb., 8 Tabellen, DM 10,70

HEFT 264
Prof. Dr. W. Weizel, Bonn
Durch schnelle Funkenzusammenbrüche ausgelöste Signale auf einer Leitung
1956, 26 Seiten, 4 Abb., 3 Tabellen, DM 6,10

HEFT 265
Prof. Dr. F. Micheel und Dr. R. Engel, Münster
Eine Apparatur zur elektrophoretischen Trennung von Stoffgemischen
1956, 38 Seiten, 21 Abb., DM 9,20

HEFT 266
Fliesen-Beratungsstelle Bad Godesberg-Mehlem
Güteeigenschaften keramischer Wand- und Bodenfliesen und deren Prüfmethoden
1956, 32 Seiten, DM 7,10

HEFT 267
Prof. Dr. W. Weizel und B. Brandt, Bonn
Zur Stabilität stromstarker Glimmentladungen
1956, 36 Seiten, 7 Abb., DM 8,40

WESTDEUTSCHER VERLAG · KÖLN UND OPLADEN

HEFT 268
Prof. Dr.-Ing. G. Vogelpohl, Göttingen
Über die Tragfähigkeit von Gleitlagern und ihre Berechnung
1956, 76 Seiten, 24 Abb., 7 Tabellen, DM 16,85

HEFT 269
Markscheider R. Bals, Bochum
Eignung des Gebirgsankerausbaus zur Erleichterung des Streckenvortriebs im Steinkohlenbergbau
1956, 84 Seiten, 41 Abb., DM 18,75

HEFT 270
Dr. H. Krebs und Mitarbeiter, Bonn
Die Trennung von Racematen auf chromatographischem Wege
1956, 62 Seiten, 18 Tabellen, DM 12,95

HEFT 271
Prof. Dr.-Ing. H. Opitz und Dipl.-Ing. H. Axer, Aachen
Beeinflussung des Verschleißverhaltens bei spanenden Werkzeugen durch flüssige und gasförmige Kühlmittel und elektrische Maßnahmen
1956, 46 Seiten, 28 Abb., DM 10,70

HEFT 272
Prof. Dr. W. Fuchs und Dr. H. Dresia, Aachen
Untersuchungen über die Schnellverbrennung und Schnellvergasung fester Brennstoffe
1956, 56 Seiten, 14 Abb., 3 Tabellen, DM 11,90

HEFT 273
Fa. K. W. Tacke G.m.b.H., Wuppertal-Barmen
Erfahrungen beim Verspinnen von Perlonfasern und bei der Herstellung von Trikotagen aus gesponnenem Perlon
1956, 36 Seiten, DM 7,90

HEFT 274
Prof. Dr.-Ing. K. Krekeler, Aachen
Qualitative Untersuchungen bei Verbindungsschweißungen mittels Lichtbogenschweißautomaten unter Verwendung von Blankdraht und Zugabe von ferromagnetischem Pulver als Umhüllung
1956, 68 Seiten, 40 Abb., 8 Tabellen, DM 15,45

HEFT 275
Prof. Dr.-Ing. habil. K. Krekeler, Aachen, und Dipl.-Ing. H. Verhoeven, Aachen
Quantitative Untersuchungen von Punktschweißverbindungen an Tiefzieh- und Aluminiumblechen, die nach dem Argonarc-Punktschweißverfahren hergestellt werden
1956, 64 Seiten, 45 Abb., DM 14,60

HEFT 276
Fa. E. Haage, Mülheim (Ruhr)
Entwicklungsarbeiten im Apparatebau für Laboratorien
1956, 48 Seiten, 18 Abb., DM 10,50

HEFT 277
Dr.-Ing. W. Müchler, Essen
Untersuchung und zahlenmäßige Bestimmung der Schneideigenschaften von Messern mit besonderer Berücksichtigung rostfreier Messerstähle
1956, 60 Seiten, 27 Abb., 5 Tabellen, DM 13,20

HEFT 278
Dipl.-Ing. J. Stelter und Dipl.-Ing. H. Kickert, Aachen
I. Sichtbarmachung von Ultraschallfeldern unter Verwendung photographischer Emulsionsschichten
II. Methode zur Bestimmung der wirklichen Temperaturverhältnisse in Flüssigkeiten während der Beschallung (Nach einer Diplom-Arbeit von H. Schnitzler)
1956, 54 Seiten, 24 Abb., DM 12,75

HEFT 279
Dr. F. Keune, Aachen
Der gewölbte und verwundene Tragflügel ohne Dicke in Schallnähe
1956, 42 Seiten, 15 Abb., DM 9,25

HEFT 280
Dipl.-Ing. J. Stelter und Dipl.-Ing. E. Pfende, Aachen
Über Störerscheinungen bei Schallgeschwindigkeitsmessungen mittels der Interferometermethode
1956, 42 Seiten, 13 Abb., DM 9,60

HEFT 281
Prof. Dr.-Ing. K. Lürenbaum, Aachen
Der Meßwagen des Instituts für Maschinen-Dynamik der Deutschen Versuchsanstalt für Luftfahrt, Aachen
1956, 34 Seiten, 17 Abb., DM 8,60

HEFT 282
Bergrat a. D. Scherer, Bochum
Das B. T.-Schwelverfahren und seine Anwendung auf der Anlage Marienau
1956, 44 Seiten, 7 Abb., DM 9,60

HEFT 283
Prof. Dr. F. Wever und Dr.-Ing. W. Lueg, Düsseldorf
Warmstauchversuche zur Ermittlung der Formänderungsfestigkeit von Gesenkschmiede-Stählen
1956, 44 Seiten, 19 Abb., DM 9,90

Heft 284
Prof. Dr. F. Wever, Düsseldorf, Dr.-Ing. H. J. Wiester, Essen, Dr.-Ing. F. W. Straßburg, Duisburg, Prof. Dr.-Ing. H. Opitz, Aachen, und Dr.-Ing. K. H. Fröhlich, Köln
Einfluß des Gefüges auf die Zerspanbarkeit von Einsatz- und Vergütungsstählen
1957, 88 Seiten, 126 Abb., 11 Tab., DM 22,45

HEFT 285
Prof. Dr.-Ing. O. Kienzle, Dr.-Ing. K. Lange, Hannover, und Dipl.-Ing. H. Meinert, Osterode
Einfluß der Oberfläche auf das Verschleißverhalten von Schmiedegesenken
1956, 62 Seiten, 29 Abb., 8 Tabellen, DM 14,60

HEFT 286
Dr.-Ing. K. Lange, Hannover, Dipl.-Ing. H. Meinert, Osterode, unter Mitarbeit von Dr.-Ing. H. Arend, Mülheim (Ruhr)
Verschleißverhalten hartverchromter Schmiedegesenke
1956, 74 Seiten, 53 Abb., 6 Tabellen, DM 17,65

HEFT 287
Prof. Dr.-Ing. habil. K. Krekeler, Aachen
Änderungen der mechanischen Eigenschaftswerte thermoplastischer Kunststoffe bei Beanspruchung in verschiedenen Medien
1956, 62 Seiten, 23 Abb., 5 Tabellen, DM 13,70

HEFT 288
Dr. K. Brücker-Steinkuhl, Düsseldorf
Anwendung mathematisch-statischer Verfahren in der Industrie
1956, 103 Seiten, 27 Abb., 14 Tabellen, DM 24,20

HEFT 289
Prof. Dr.-Ing. H. Winterhager, Aachen
Kombinierter Widerstands- und Lichtbogen-Vakuumofen zur Verarbeitung von Titanschwamm
Prof. Dr. Dr. h. c. R. Schwarz, Aachen
Erforschung neuer Wege zur Darstellung von Titanmetall
1957, 42 Seiten, 18 Abb., DM 9,70

HEFT 290
Dr. D. Horstmann, Düsseldorf
I. Der verstärkte Angriff des Zinks auf Eisen im Temperaturgebiet um 500° C
II. Einfluß eines Antimongehaltes auf den Angriff von Zinkschmelzen auf Eisen
1956, 48 Seiten, 33 Abb., 3 Tabellen, DM 11,90

HEFT 291
Dr.-Ing. H. J. Wiester und Dr. D. Horstmann, Düsseldorf
Der Angriff eisengesättigter Zinkschmelzen auf silizium- und manganhaltiges Eisen
1956, 52 Seiten, 45 Abb., 8 Tabellen, DM 12,60

HEFT 292
Dipl.-Ing. W. Rohs und Text.-Ing. H. Griese, Bielefeld
Webversuche an Leinenwebstühlen mit verbesserter Schaftbewegung
1956, 34 Seiten, 3 Abb., 2 Tabellen, DM 7,60

HEFT 293
Prof. J. W. Korte, unter Mitarbeit von Dipl.-Ing. P. A. Mäcke und Dipl.-Ing. W. Leutzbach, Aachen
Die Leistungsfähigkeit von Verkehrsanlagen des motorisierten städtischen Straßenverkehrs
1956, 98 Seiten, 35 Abb., 5 Tabellen, 1 Falttafel, DM 22,50

HEFT 294
Dipl.-Ing. B. Naendorf, Essen
Untersuchungen industrieller Gasbrenner
1956, 58 Seiten, 6 Abb., 3 Tabellen, DM 12,40

HEFT 295
Prof. Dr.-Ing. H. Opitz und Dipl.-Ing. H. Axer, Aachen
Untersuchung und Weiterentwicklung neuartiger elektrischer Bearbeitungsverfahren
1956, 42 Seiten, 27 Abb., DM 10,30

HEFT 296
Prof. Dr.-Ing. H. Opitz, Aachen
I. Untersuchungen an elektronischen Regelantrieben
II. Statische Untersuchungen zur Ausnutzung von Drehbänken
1956, 46 Seiten, 18 Abb., DM 10,40

HEFT 297
Dr. K. Schaarwächter, Düsseldorf
Die Reduktion von Siliziumtetrachlorid im Lichtbogen zur nachfolgenden Silizierung von Eisenblechen
in Vorbereitung

HEFT 298
Prof. Dr.-Ing. E. Oehler, Aachen
Untersuchung von kritischen Drehzahlen, die durch Kreiselmomente verursacht werden
1956, 50 Seiten, 35 Abb., DM 13,15

HEFT 299
Dr. J. Fassbender und W. Hoppe, Bonn
Eine photoelektrische Nachlaufeinrichtung für Analogie-Rechenmaschinen
1956, 20 Seiten, 8 Abb., DM 7,65

HEFT 300
Prof. Dr. E. Schütz und Privatdozent Dr. H. Caspers, Münster
Tierexperimentelle Untersuchungen über die Alkoholwirkungen auf Erregbarkeit und bioelektrische Spontanaktivität der Hirnrinde
1956, 44 Seiten, 6 Abb., 1 Tabelle, DM 9,55

HEFT 301
Prof. Dr. W. Weltzien, Dr. G. Cossmann und P. Diehl, Krefeld
Über die fraktionierte Füllung von Polyamiden (II)
1956, 54 Seiten, 1 Abb., 16 Tabellen, DM 11,30

HEFT 302
Prof. Dr.-Ing. W. Wegener und Dipl.-Ing. W. Zahn, Aachen
Untersuchungen von gesponnenen Garnen auf ihre Gleichmäßigkeit nach verschiedenen Meßmethoden
1957, 58 Seiten, 34 Abb., DM 15,20

HEFT 303
Prof. Dr. Ing. S. Kiesskalt, Aachen
Das Institut für Forschungsgesellschaft Verfahrenstechnik e. V. an der Technischen Hochschule Aachen
1956, 76 Seiten, 20 Abb., 3 Tabellen, DM 16,40

HEFT 304
Prof. Dr.-Ing. K. Krekeler, Düsseldorf, und Dipl.-Ing. A. Kleine-Albers, Aachen
Beitrag zur thermoelastischen Warmformbarkeit von Hart-PVC
1957, 72 Seiten, 29 Abb., DM 17,70

HEFT 305
Prof. Dr.-Ing. K. Krekeler, Düsseldorf, Dr.-Ing. H. Peukert, Aachen, und Dipl.-Ing. W. Schmitz, Siegburg
Heißgas-Schweißung von Hart-Polyvinylchlorid mit Zusatzwerkstoff
1956, 44 Seiten, 27 Abb., 5 Tabellen, DM 12,50

HEFT 306
Prof. Dr. B. Rensch, Münster
Elektrophysiologische Untersuchungen zur Analysierung der Bildung von Assoziationen und Gedächtnisspuren in Gehirn und Rückenmark
Prof. Dr. A. Loeser, Münster
Akute und chronische Giftwirkungen sauerstoffhaltiger Lösungsmittel
1956, 36 Seiten, 9 Abb., DM 8,90

HEFT 307
Privatdozent Dr. J. Juilfs, Krefeld
Vergleichende Untersuchungen zur elastischen und bleibenden Dehnung von Fasern
1956, 36 Seiten, 11 Abb., DM 8,30

HEFT 308
Privatdozent Dr. J. Juilfs, Krefeld
Zur Messung der Fadenglätte
1956, 22 Seiten, 10 Abb., 2 Tabellen, DM 8,—

HEFT 309
Prof. Dr. K. Cruse und Mitarbeiter, Clausthal-Zellerfeld
Aufbau und Arbeitsweise eines universell verwendbaren Hochfrequenz-Titrationsgerätes
1957, 48 Seiten, 29 Abb., DM 11,90

HEFT 310
Dr. P. F. Müller, Bonn
Die Integrieranlage des Rheinisch-Westfälischen Instituts für Instrumentelle Mathematik in Bonn
1956, 62 Seiten, 6 Abb., 30 Satzskizzen, DM 14,45

HEFT 311
Prof. Dr. F. Wever und Dr. M. Hempel, Düsseldorf
Dauerschwingfestigkeit von Stählen bei erhöhten Temperaturen
Teil I: Erkenntnisse aus bisherigen Dauerschwingversuchen in der Wärme
1956, 48 Seiten, 19 Abb., 2 Tabellen, DM 10,90

HEFT 312
Prof. Dr. F. Wever und Dr. M. Hempel, Düsseldorf
Dauerschwingfestigkeit von Stählen bei erhöhten Temperaturen
Teil II: Zug-Druck-Dauerschwingversuche an zwei warmfesten Stählen bei Temperaturen von 500 bis 650°
1956, 48 Seiten, 20 Abb., 3 Tabellen, DM 13,—

WESTDEUTSCHER VERLAG · KÖLN UND OPLADEN

HEFT 313
Prof. Dr. F. Wever, Dr. W. Koch und Dipl.-Phys. H. Rohde, Düsseldorf
Änderungen des Habitus und der Gitterkonstanten des Zementits in Chromstählen bei verschiedenen Wärmebehandlungen
1956, 88 Seiten, 29 Abb., 8 Tabellen, DM 20,90

HEFT 314
Prof. Dr. F. Wever, Dr.-Ing. A. Krisch, Düsseldorf, und Dr.-Ing. H.-J. Wiester, Essen
Veränderungen im Gefügeaufbau von Chrom-Nickel-Molybdän-Stählen bei langzeitiger Beanspruchung im Zeitstandversuch bei 500°
1956, 48 Seiten, 26 Abb., 5 Tabellen, DM 11,70

HEFT 315
Prof. Dr. F. Wever und Dr.-Ing. A. Krisch, Düsseldorf
Metallkundliche Untersuchungen an Zeitstandproben
1956, 38 Seiten, 12 Abb., DM 9,15

HEFT 316
Dr. F. Keune, Aachen
Zusammenfassende Darstellung und Erweiterung des Aequivalenzsatzes für schallnahe Strömung
1956, 80 Seiten, 22 Abb., DM 17,90

HEFT 317
Dr.-Ing. J. Stelter, Aachen
Mikrobiologische Ultraschallwirkungen
1957, 106 Seiten, 41 Abb., 12 Tab., DM 23,90

HEFT 318
Dipl.-Ing. H. Kickert, Aachen
Über die Ausbreitung von Ultraschall in Luft
1957, 78 Seiten, 51 Abb., 7 Tab., DM 19,20

HEFT 319
Prof. Dr. C. Kröger, Aachen
Gemengereaktionen und Glasschmelze
1957, 118 Seiten, 53 Abb., 16 Tab., DM 26,—

HEFT 320
Dr. H.-E. Caspary, Köln
Verwendung von Szintillationszählern an Stelle von Zählrohren bei der zerstörungsfreien Materialprüfung
1956, 42 Seiten, 13 Abb., 2 Tabellen, DM 10,10

HEFT 321
Prof. Dr. F. Wever, Düsseldorf, und Dr. W. Wepner, Köln
Gleichzeitige Bestimmung kleiner Kohlenstoff- und Stickstoffgehalte im a-Eisen durch Dämpfungsmessung
1956, 30 Seiten, 3 Abb., 4 Tabellen, DM 6,80

HEFT 322
Prof. Dr.-Ing. F. Bollenrath und Dipl.-Ing. W. Domke, Aachen
Eigenspannungen in vergüteten, dickwandigen Stahlzylindern nach Oberflächenhärtung mit induktiver Erwärmung
1956, 30 Seiten, 9 Abb., 2 Tabellen, DM 6,90

HEFT 323
Prof. Dr. R. Seyffert, Köln
Wege und Kosten der Distribution der Textilien, Schuh- und Lederwaren
1956, 98 Seiten, 37 Tabellen, 1 Falttaf., DM 12,—

HEFT 324
Prof. Dr.-Ing. H. Opitz, Dr.-Ing. E. Saljé und Dipl.-Ing. K. E. Schwartz, Aachen
Richtwerte für das Außenrund-Längs- und Einstechschleifen
1956, 62 Seiten, 44 Abb., 2 Tabellen, DM 13,85

HEFT 325
Prof. Dr. E. Schratz, Münster
Pharmakognostische Untersuchungen am Medizinal-Rhabarber
1957, 62 Seiten, 29 Abb., 3 Tabellen, DM 17,90

HEFT 326
Prof. Dr.-Ing. E. Essers und Mitarbeiter, Aachen
Deichselkräfte an Lastzügen
1957, 96 Seiten, 34 Abb., DM 22,10

HEFT 327
Prof. Dr.-Ing. habil. K. Krekeler und Dr.-Ing. H. Peukert, Aachen
Beitrag zur thermoelastischen Formbarkeit von Polyäthylen
1956, 56 Seiten, 49 Abb., 9 Tabellen, DM 12,80

HEFT 328
Dr. H. Maeder, Belo Horizonte
Schweißen von Temperguß
1957, 92 Seiten, 59 Abb., 42 Tabellen, DM 25,50

HEFT 329
Dipl.-Ing. A. Krüger, Karlsruhe, und Feuerwehr-Ing. R. Radusch, Dortmund
Wasserzerstäubung im Strahlrohr
1956, 86 Seiten, 21 Abb., 3 Tabellen, DM 18,65

HEFT 330
Dipl.-Physiker E. Pepping, Aachen
Die Durchflußzahl des Rechteckschlitzes in einer sehr großen Wand
1957, 54 Seiten, 21 Abb., DM 12,35

HEFT 331
Dipl.-Ing. G. Bretschneider, Ruit
Die Messung der wiederkehrenden Spannung mit Hilfe des Netzmodelles
1957, 46 Seiten, 21 Abb., 2 Tab., DM 11,20

HEFT 332
Prof. Dr.-Ing. R. Jaeckel und Dr. G. Reich, Bonn
Messung von Dampfdrucken im Gebiet unter 10^{-2} Torr
1956, 42 Seiten, 16 Abb., 2 Tabellen, DM 10,40

HEFT 333
Prof. Dipl.-Ing. W. Sturtzel und Dr.-Ing. W. Graff, Duisburg
I. Der Flachwassereinfluß auf den Form- und Reibungswiderstand von Binnenschiffen
II. Der Flachwassereinfluß auf die Nachstrom- und Sogverhältnisse bei Binnenschiffen
1956, 44 Seiten, 14 Abb., DM 9,80

HEFT 334
Prof. Dr. W. Weizel und Dr. G. Meister, Bonn
Spektralanalyse durch Messung des Interferenz-Kontrastes
1956, 42 Seiten, DM 9,80

HEFT 335
Prof. Dr. W. Weizel und H. Hornberg, Bonn
Untersuchungen der anodischen Teile einer Glimmentladung
1957, 62 Seiten, 14 Farbabb., 21 Abb., 1 Tab., DM 32,80

HEFT 336
Dr. Tung-ping Yao, Aachen
Die Viskosität metallischer Schmelzen
1957, 64 Seiten, 28 Abb., 2 Tab., DM 14,40

HEFT 337
Dr. R. Hoeppener und Dr. W. Bierther, Bonn
Tektonik und Lagestätten im Rheinischen Schiefergebirge
1957, 66 Seiten, 14 Abb., DM 16,25

HEFT 338
Prof. Dr.-Ing. W. Wegener, Aachen, und Dipl.-Ing. J. Schneider, M.-Gladbach
Die Bedeutung der Knotenart für die Herabminderung der Fadenbrüche
1957, 40 Seiten, 6 Abb., DM 11,90

HEFT 339
Prof. Dr.-Ing. W. Wegener und Dipl.-Ing. W. Zahn, Aachen
Vergleich des normalen mit verschiedenen abgekürzten Baumwollspinnverfahren in bezug auf Gleichmäßigkeit und Sortierungsstreuung der Garne
1956, 56 Seiten, 17 Abb., 17 Tabellen, DM 12,70

HEFT 340
Dipl.-Ing. W. Rohs und Dipl.-Ing. R. Otto, Bielefeld
Das Naßspinnen von Bastfasergarnen mit Spinnbadzusätzen unter Ausnutzung einer zentralen Spinnwasserversorgungsanlage
1956, 56 Seiten, 2 Abb., 6 Tabellen, DM 11,60

HEFT 341
Prof. Dr.-Ing. H. Winterhager und Dipl.-Ing. L. Werner, Aachen
Präzisions-Meßverfahren zur Bestimmung des elektrischen Leitvermögens geschmolzener Salze
1956, 44 Seiten, 19 Abb., 1 Tabelle, DM 10,60

HEFT 342
Prof. Dr.-Ing. H. Winterhager und Dipl.-Ing. W. Barthel, Aachen
Die Gewinnung von Titanschlackenkonzentraten aus eisenreichen Ilemniten
1957, 60 Seiten, 30 Abb., 6 Tab., DM 13,30

HEFT 343
Prof. Dr.-Ing. W. Petersen, Aachen, und Dipl.-Ing. S. Wawroschek, Aachen
Die zweckmäßigsten Gütebestimmungsverfahren und Brikettierungsbedingungen bei der Erzeugung von Braunkohlen-Eisenerz-Briketts
1957, 64 Seiten, 28 Abb., DM 13,95

HEFT 344
Prof. Dr.-Ing. W. Fucks, Aachen
Zur Deutung einfachster mathematischer Sprachcharakteristiken
1956, 38 Seiten, 12 Abb., DM 7,80

HEFT 345
Dipl.-Ing. G. Cerbe und Dipl.-Ing. H. Monstadt, Essen
Konvektive Trocknung mit gasbeheizter Luft und Trocknung durch Gasstrahler
1957, 46 Seiten, 16 Abb., DM 10,40

HEFT 346
Dipl.-Ing. O. Arnold, Aachen
Erfahrungen mit Kernbohrungen zur Lagerstättenuntersuchung im Erzbergbau
1957, 36 Seiten, 2 Abb., 3 Falttaf. 6 Tab., DM 8,80

HEFT 347
S. Ruff, F. Kipp, H. Hansteen und G. Müller, Bonn
Untersuchungen zur Frage der Gehörschädigungen des fliegenden Personals der Propellerflugzeuge
1957, 50 Seiten, 27 Abb., 3 Tab., DM 11,10

HEFT 348
Prof. Dr.-Ing. E. Piwowarsky und Dr.-Ing. E. G. Nickel, Aachen
Metallurgie eines hochwertigen Gußeisens mit kompakter bis kugelförmiger Graphitausbildung
1957, 54 Seiten, 27 Abb., 5 Tab., DM 13,30

HEFT 349
Dr.-Ing. W. A. Fischer, Dr.-Ing. H. Treppschuh und Dr.-Ing. K. H. Köthemann, Düsseldorf
Tiegel aus Schmelzmagnesia für Vakuuminduktionsöfen
1957, 34 Seiten, 14 Abb., DM 8,40

HEFT 350
Prof. Dr.-Ing. habil. K. Krekeler und Dr.-Ing. H. Peukert, Aachen
Das Spannungsverhalten der Kunststoffe bei der Verarbeitung
in Vorbereitung

HEFT 351
Prof. Dr.-Ing. H. Opitz, Dipl.-Ing. H. Axer und Dipl.-Ing. H. Rhode, Aachen
Zerspanbarkeit hochwarmfester und nichtrostender Stähle. Teil I
1957, 96 Seiten, 73 Abb., 2 Tab., DM 21,80

HEFT 352
Dipl.-Ing. H. Fauser, Aachen
Fahrdynamik und Batterie-Arbeitsverbrauch von Akkumulatorenlokomotiven im Untertagebetrieb
1957, 152 Seiten, 78 Abb., DM 36,10

HEFT 353
Forschungsinstitut für Rationalisierung, Aachen
Schlagwortregister zur Rationalisierung
1957, 376 Seiten, DM 56,—

HEFT 354
Dipl.-Ing. D. Wagener, Aachen
Auswirkungen neuer Gaserzeugungs-Verfahren unter Berücksichtigung der Auswirkung auf den Kokereibetrieb
in Vorbereitung

HEFT 355
Prof. Dr.-Ing. habil. K. Krekeler, Dr.-Ing. H. Peukert und Dipl.-Ing. A. Kleine-Albers, Aachen
Heißgas-Schweißungen von Weich-Polyvinylchlorid mit Zusatzwerkstoff
1957, 44 Seiten, 19 Abb., DM 11,—

HEFT 356
Dipl.-Phys. G. Gurke, Aachen
Aufbau einer Meßanlage für Untersuchungen elektrischer Gasentladung im Bereiche großer p. d.-Werte
1956, 38 Seiten, 13 Abb., DM 8,65

HEFT 357
Prof. Dr.-Ing. W. Fucks, Aachen
Mathematische Analyse der Formalstruktur von Musik
in Vorbereitung

HEFT 358
Prof. Dr. rer. nat. W. Weltzien, Dipl.-Chem. P. Ringel und Text.-Ing. H. Kirchhoff, Krefeld
Die Waschechtheit von Färbungen. Vergleichende Untersuchungen auf dem Gebiete der Echtheitsprüfung
in Vorbereitung

HEFT 359
Dr.-Ing. F. J. Meister, Düsseldorf
Veränderung der Hörschärfe, Lautheitsempfindung und Sprachaufnahme während des Arbeitsprozesses bei Lärmarbeitern
1957, 84 Seiten, 11 Abb., 40 Audiogramme, 41 Tab., DM 19,90

HEFT 360
Dr.-Ing. E. Barz, Remscheid
Fertigungsverfahren und Spannungsverlauf bei Kreissägeblättern für Holz
1957, 72 Seiten, 40 Abb., DM 17,—

HEFT 361
Dipl.-Ing. H. F. Klein, Aachen
Die nichtstationären Strömungsvorgänge und der Wärmeübergang in einem Schwingfeuergerät
1957, 84 Seiten, 34 Abb., 4 Falttafeln, DM 25,90

HEFT 362
Prof. Dr. med. G. Lehmann und Dipl.-Phys. D. Dieckmann, Dortmund
Die Wirkung mechanischer Schwingungen (0,5 bis 100 Hertz) auf den Menschen
1957, 100 Seiten, 53 Abb., 6 Tab., DM 22,50

WESTDEUTSCHER VERLAG · KÖLN UND OPLADEN

HEFT 363
Dr.-Ing. U. Domm, Frankenthal (Pfalz)
Über eine Hypothese, die den Mechanismus der Turbulenz-Entstehung betrifft
1956, 28 Seiten, 4 Abb., DM 6,45

HEFT 364
Prof. Dr. Th. Beste, Köln
Die Mehrkosten bei der Herstellung ungängiger Erzeugnisse im Vergleich zur Herstellung vereinheitlichter Erzeugnisse
1957, 352 Seiten, DM 50,—

HEFT 365
Sozialforschungsstelle an der Universität Münster, Dortmund
Standort und Wohnort
1957, Textband: 350 Seiten, 28 Karten, 73 Tab. Anlageband: 15 Karten, 21 Tab., DM 99,—

HEFT 366
Versuchsanstalt für Binnenschiffbau e. V., Duisburg
Bei Flachwasserfahrten durch die Strömungsverteilung am Boden und an den Seiten stattfindende Beeinflussung des Reibungswiderstandes von Schiffen
1957, 96 Seiten, 39 Abb., 28 Tab., DM 20,40

HEFT 367
Dr. rer. nat. D. Horstmann, Düsseldorf
Der Angriff eisengesättigter Zinkschmelzen auf kohlenstoff-, schwefel- und phosphorhaltiges Eisen
1957, 52 Seiten, 22 Abb., 6 Tab., DM 12,85

HEFT 368
Prof. Dr. phil. H. Kaiser, Dortmund
Entwicklung betriebsmäßiger spektrochemischer Analysenverfahren für technische Gläser
1957, 40 Seiten, 11 Abb., DM 9,10

HEFT 369
Prof. Dr.-Ing. R. Jaeckel und Dipl.-Phys. F. J. Schittko, Bonn
Gasabgabe von Werkstoffen ins Vakuum
1957, 48 Seiten, 20 Abb., 6 Tab., DM 13,30

HEFT 370
Dr. phil. habil. F. Schwarz, Köln
Physikochemische Grundlagen der Bildsamkeit von Kalken unter Einbeziehung des Begriffes der aktiven Oberfläche
in Vorbereitung

HEFT 371
Dr. phil. W. Lejeune, Köln
Beitrag zur statistischen Verifikation der Minderheiten-Theorie
in Vorbereitung

HEFT 372
Prof. Dr. phil. M. von Stackelberg, Bonn
Untersuchungen zur Ausarbeitung und Verbesserung von polarographischen Analysenmethoden. 2. Bericht
1957, 44 Seiten, 9 Abb., 7 Tab., DM 10,10

HEFT 373
Dipl.-Ing. H. J. Koch, Essen
Druckgasfeuerung — ein Verfahren zum Betrieb von Gasfeuerstätten
1957, 38 Seiten, 8 Abb., 10 Tab., DM 8,50

HEFT 374
Dr. E. Paproth, Krefeld
Paläontologische Bearbeitung der in den devonischen Schichten des Siegerlandes enthaltenen Faunen
1957, 38 Seiten, 3 Tab., DM 8,30

HEFT 375
Technischer Überwachungsverein e. V., Essen
Wanddickenmessungen mittels radioaktiver Strahlen und Zählrohrgerät
in Vorbereitung

HEFT 376
Technischer Überwachungsverein e. V., Essen
Wasserumlaufprobleme an Hochdruckkesseln
in Vorbereitung

HEFT 377
Technischer Überwachungsverein e. V., Essen
Versuche an Wanderrostkesseln mit befeuchteter Verbrennungsluft
in Vorbereitung

HEFT 378
Oberingenieur H. Stein, M.-Gladbach
Beobachtung und maßtechnische Erfassung der Vorgänge im Spinn- und Aufwindefeld von Ringspinn- und Ringzwirnmaschinen
1957, 104 Seiten, 88 Abb., 3 Tabellen, DM 26,90

HEFT 379
Laboratorium für textile Meßtechnik, M.-Gladbach
Schußfadenspannung beim Weben
1957, 76 Seiten, 17 Abb., 3 Tabellen, DM 18,60

HEFT 380
Dipl.-Phys. R. Trappenberg, Karlsruhe
Theoretische und experimentelle Untersuchungen zur Staubverteilung einer Rauchfahne
1957, 64 Seiten, 7 Abb., 18 Tabellen, DM 14,90

HEFT 381
Dr. J. Juilfs, Krefeld
Zur Dichtebestimmung von Fasern. Methoden und Beispiele der praktischen Anwendung
1957, 76 Seiten, 34 Abb., 18 Tabellen, DM 17,—

HEFT 382
Dr. phil. habil. P. Hölemann, Ing. R. Hasselmann und Ing. G. Dix, Dortmund
Die Messung von Flammen und Detonationsgeschwindigkeiten bei der explosiven Zersetzung von Acetylen in Rohren
1957, 36 Seiten, 7 Abb., 4 Tab., DM 8,10

HEFT 383
Dr. phil. habil. P. Hölemann und Ing. R. Hasselmann, Dortmund
Verlauf von Azetylenexplosionen in Rohren bei Gegenwart von porösen Massen
1957, 68 Seiten, 10 Abb., 15 Tabellen, DM 16,60

HEFT 384
Prof. Dr.-Ing. H. Opitz, Aachen
Schwingungsuntersuchungen an Werkzeugmaschinen
in Vorbereitung

HEFT 385
Prof. Dr.-Ing. H. Opitz, Aachen
Zerspanbarkeit hochwarmfester und nichtrostender Stähle. Teil II
1957, 86 Seiten, 54 Abb., 5 Tabellen, DM 19,30

HEFT 386
Prof. Dr.-Ing. H. Opitz, Aachen
Standzeituntersuchungen und Verschleißmessungen mit radioaktiven Isotopen
in Vorbereitung

HEFT 387
Prof. Dr. med. W. Kikuth und Dozent Dr. med. L. Grün, Düsseldorf
Die Verhütung von Infektion durch Desinfektion des Raumes und der Raumluft
1957, 96 Seiten, 14 Abb., 20 Tab., DM 22,50

HEFT 388
Prof. Dr. rer. nat. habil. W. Baumeister und Dr. rer. nat. H. Burghardt, Münster
Die Bedeutung der Elemente Zink und Fluor für das Pflanzenwachstum
1957, 48 Seiten, 17 Tab. DM 10,20

HEFT 389
Prof. Dr.-Ing. habil. H. Fink und K. W. Hoppenhaus, Köln
Die biologische Eiweiß-Synthese von höheren und niederen Pilzen und die alimentäre Lebernekrose der Ratte
1957, 76 Seiten, 2 Abb., 24 Tab., DM 15,60

HEFT 390
Dr.-Ing. J. Endres und Dr.-Ing. G. Hiebel, München
Berechnung der optimalen Leistungen, Kraftstoffverbräuche und Wirkungsgrade von Luftfahrt-Gasturbinen-Triebwerken am Boden und in der Höhe bei Fluggeschwindigkeiten von 0—2000 km/h und bei vorgegebenen Düsenausströmgeschwindigkeiten
in Vorbereitung

HEFT 391
Prof. Dr. phil. F. Wever, Dr. phil. W. Koch und Dipl.-Chem. F. Stricker, Düsseldorf
Die quantitative spektrographische Analyse von Gasgemischen aus Kohlenmonoxyd, Wasserstoff und Stickstoff
1957, 48 Seiten, 21 Abb., 3 Tab., DM 11,30

HEFT 392
Prof. Dr. phil. F. Wever u. a., Düsseldorf
Untersuchungen über den Konverterrauch im Hinblick auf die spektrale Überwachung des Thomasprozesses
1957, 48 Seiten, 14 Abb., 4 Tab., DM 12,10

HEFT 393
Dr.-Ing. O. Viertel und S. Brückner-Lucas, Krefeld
Arbeitszeitstudien an Haushaltwaschmaschinen
1957, 74 Seiten, 8 Abb., 13 Tab., DM 17,30

HEFT 394
Privatdozent Dr. med. W. Koch, Münster
Die Ablagerung radioaktiver Substanzen im Knochen
in Vorbereitung

HEFT 395
Dipl.-Ing. L. Hahn, Clausthal-Zellerfeld
Untersuchungen zur Frage des optimalen Bohrloch- und Patronendurchmessers
1957, 132 Seiten, 49 Abb., 19 Tab., DM 31,25

HEFT 396
Prof. Dr.-Ing. F. Schultz-Grunow, Dr.-Ing. A. Jogerich, Essen, Dipl.-Ing. H. Meyer, cand. ing. P. Sand, Aachen
Untersuchungen des Luftwiderstandes von Güterwagen
1957, 42 Seiten, 18 Abb., 5 Tab., DM 10,90

HEFT 397
Techn.-Wissenschaftliches Büro für die Bastfaserindustrie, Bielefeld
Ungleichmäßigkeiten in Bändern von Bastfaserkarden, ihre Ursachen und Auswirkungen
1957, 60 Seiten, 18 Abb., 1 Tab., DM 14,80

HEFT 398
Prof. Dr. habil. H. E. Schwiete, Aachen, u. a.
Einlagerungsversuche an synthetischem Mullit I. — Die Zusammensetzung der Schmelzphase in Schamottesteinen I
1957, 58 Seiten, 6 Abb., 9 Tab., DM 14,40

HEFT 399
Prof. Dr. habil. H. E. Schwiete und Dr.-Ing. R. Vinkeloe, Aachen
Möglichkeiten der quantitativen Mineralanalyse mit dem Zählrohrgerät unter besonderer Berücksichtigung der Mineralgehaltsbestimmung von Tonen
in Vorbereitung

HEFT 400
Prof. Dr. phil. W. Fuchs und Dipl.-Chem. H. Weyerstrass, Aachen
Entwicklung eines Heißfilters zur Reinigung von Gichtgas eines mit Kohle betriebenen Niederschachtofens
1958, 88 Seiten, 30 Abb., DM 20,20

HEFT 401
Prof. Dr.-Ing. M. Lipp und Dipl.-Chem. G. Frielingsdorf, Aachen
Darstellung reaktionsfähiger Verbindungen des Camphansystems und Versuche zu deren Fluorierung
1957, 84 Seiten, DM 17,—

HEFT 402
Prof. Dr. W. Linke, Aachen
Die Wärmeübertragung durch Thermopane-Fenster
in Vorbereitung

HEFT 403
Prof. Dr.-Ing. P. Denzel und Dipl.-Ing. W. Cremer, Aachen
Verbesserung der Benutzungsdauer der Höchstlast in ländlichen Netzen durch Anwendung elektrischer Geräte in der Landwirtschaft
1957, 46 Seiten, 23 Abb., DM 12,10

HEFT 404
Prof. Dr. R. Jaeckel und Dipl.-Phys. F. Gross, Bonn
Die Löslichkeit von Gasen in schwerflüchtigen organischen Flüssigkeiten
1957, 46 Seiten, 17 Abb., 1 Tab., DM 11,50

HEFT 405
Prof. Dr.-Ing. H. Opitz und Dipl.-Ing. H. Schuler, Aachen
Untersuchungen für einen Wirtschaftlichkeitsvergleich der Feinbearbeitungsverfahren
in Vorbereitung

HEFT 406
W. Kirsch, Remscheid
Entwicklungsarbeiten auf dem Gebiete des Korrosionsschutzes
1957, 86 Seiten, 28 Abb., 11 Tabellen, DM 19,—

HEFT 407
Prof. Dr.-Ing. H. Schenk, Aachen, und Dr.-Ing. W. Wenzel, Bad Godesberg
Entwicklungsarbeiten auf dem Gebiete der Verhüttung von Erzstaub in Schmelzkammern
1957, 82 Seiten, 9 Abb., 18 Tabellen, DM 17,10

HEFT 408
Prof. Dr. phil. F. Wever, Dr.-Ing. W. Lueg und Dr.-Ing. H. G. Müller, Düsseldorf
Kraft- und Arbeitsbedarf beim Warmscheren von Stahl in Abhängigkeit von Temperatur und Schnittgeschwindigkeit
1957, 46 Seiten, 15 Abb., 3 Tab., DM 11,35

WESTDEUTSCHER VERLAG · KÖLN UND OPLADEN

HEFT 409
*Prof. Dr. phil. F. Wever, Dr. phil. W. Koch, Dr. rer. nat.
Ch. Ilschner-Gensch und Dipl.-Phys. H. Rohde, Düsseldorf*
Das Auftreten eines kubischen Nitrids in aluminiumlegierten Stählen
1957, 38 Seiten, 12 Abb., 3 Tabellen, DM 10,10

HEFT 410
Prof. Dr. phil. F. Wever, Prof. Dr. rer. techn. A. Kochendörfer, Dr. phil. nat. M. Hempel, Düsseldorf und Dipl.-Phys. E. Hillenhagen, Köln
Biegewechselversuche mit Flachproben aus Alpha-Eisen-Einkristallen zur Bestimmung der Wechselfestigkeit und der Gleitspuren
1957, 112 Seiten, 58 Abb., 3 Tabellen, DM 30,—

HEFT 411
Prof. Dr. W. Halbsguth und Dr. L. Sommer, Frankfurt/M.
Grundlegende Versuche zur Keimungsphysiologie von Pilzsporen
1957, 100 Seiten, 13 Abb., 32 Tabellen., DM 22,70

HEFT 412
Prof. Dr.-Ing. H. Opitz, Aachen
Kennwerte und Leistungsbedarf für Werkzeugmaschinengetriebe
in Vorbereitung

HEFT 413
Prof. Dr.-Ing. H. Opitz, Aachen
Richtwerte für das Fräsen von unlegierten und legierten Baustählen mit Hartmetall, Teil II
1957, 56 Seiten, 35 Abb., 4 Tabellen, DM 14,40

HEFT 414
Dr. med. H. K. Parchwitz und Dr. med. C. Winkler, Bonn
Speicherung organischer Farbstoffe und künstlich radioaktiver Substanzen in Geschwülsten
1958, 46 Seiten, 14 Abb., DM 13,35

HEFT 415
Prof. Dr.-Ing. W. Paul, Dr. rer. nat. O. Osberghaus und Dipl.-Phys. E. Fischer, Bonn
Ein Ionenkäfig
in Vorbereitung

HEFT 416
Oberreg.-Gewerberat Dipl.-Ing. G. Steinicke, Hamburg
Die Wirkung von Lärm auf den Schlaf des Menschen
1957, 46 Seiten, 14 Abb., 8 Tab., DM 11,60

HEFT 417
Prof. Dr.-Ing. habil. E. Rößger, Berlin
I. Teil: Die Entwicklung des Weltluftverkehrs, Ergänzungsbericht 1954
II. Teil: Die zivile Luftfahrtpolitik der USA
1957, 230 Seiten, 6 Abb., 83 Tab., DM 48,—

HEFT 418
O. Gdaniec, Mülheim/Ruhr
Über die Randlochkarte als Hilfsmittel in der Dokumentation
1957, 44 Seiten, 15 Abb., 8 Tab., DM 10,10

HEFT 419
Dipl.-Ing. K. Brooks
Die Messungen der Reflexionseigenschaften künstlicher und natürlicher Materialien mit quasi-optischen Methoden bei Mikrowellen
1957, 78 Seiten, 52 Abb., DM 20,35

HEFT 420
Dipl.-Ing. M. Vogel, Oberpfaffenhofen
Das Spektralgebiet zwischen dem langwelligen Ultrarot und Mikrowellen
1957, 66 Seiten, 2 Abb., DM 13,50

HEFT 421
ORR Dipl.-Volkswirt Dr. H. Rogmann, Düsseldorf
Die Erforschung der Verkehrskonjunktur und der langzeitigen Dynamik in der Verkehrswirtschaft (Zusammenfassung der eingegangenen Stellungnahmen und Vorschläge)
1957, 168 Seiten, 3 Falttafeln, DM 26,60

HEFT 422
Prof. Dr.-Ing. K. Leist und Dipl.-Ing. W. Dettmering, Aachen
Prüfstände zur Messung der Druckverteilung an rotierenden Schaufeln
in Vorbereitung

HEFT 423
Prof. Dr.-Ing. K. Leist und Dr.-Ing. O. Thun, Aachen
Strömungsmessungen über Brennkammer-Wirkungsgrade
in Vorbereitung

HEFT 424
Prof. Dr.-Ing. K. Leist und Dipl.-Ing. I. Weber, Aachen
Spannungsoptische Untersuchungen von rotierenden Scheiben mit exzentrischen Bohrungen
in Vorbereitung

HEFT 425
Dipl.-Ing. H. Lübke, Hamburg
Gasturbinen und Strahlantriebe für Hubschrauber
in Vorbereitung

HEFT 426
Prof. Dr.-Ing. H. Opitz und Dipl.-Ing. W. Scholz, Aachen
Untersuchungen über den Räumvorgang
1957, 74 Seiten, 36 Abb., 7 Tab., DM 16,55

HEFT 427
Dr.-Ing. J. Endres, München
Kinematische Untersuchung eines Zweitakt-Hochleistungs-Dieseltriebwerks mit achsparallelen Zylindern und gegenläufigen Kolben
in Vorbereitung

HEFT 428
Dr.-Ing. J. Endres, München
Untersuchungen der Beschleunigungsverhältnisse eines Zweitakt-Hochleistungs-Dieseltriebwerks mit achsparallelen Zylindern und gegenläufigen Kolben
in Vorbereitung

HEFT 429
Prof. Dr. O. Kuhn, Köln
Selektive Wirkung verschiedener Stoffgruppen auf tierische Gewebe
1957, 54 Seiten, 32 Abb., DM 13,15

HEFT 430
Prof. Dr. G. Garbotz, Aachen und Dr.-Ing. G. Dress, Cadiz
Untersuchungen über das Kräftespiel an Flachbagger-Schneidwerkzeugen in Mittelsand und schwach bindigem, sandigem Schluff unter besonderer Berücksichtigung der Planierschilde und ebenen Schürfkübelschneiden
in Vorbereitung

HEFT 431
Prof. Dr.-Ing. H. Winterhager, Dr.-Ing. R. Kammel und Dipl.-Ing. W. Barthel, Aachen
Fortschritte auf dem Gebiet der Titanmetallurgie 1950—1955
1957, 160 Seiten, DM 34,50

HEFT 432
Dipl.-Phys. R. Werz, Bonn
Die Entwicklung einer Synchrozyklotron-Ionenquelle
in Vorbereitung

HEFT 433
Dr.-Ing. G. Satlow, Aachen
Über einige physikalische und chemische Eigenschaften der Wolle von der gewaschenen Wolle bis zum Kammzug
1957, 72 Seiten, 15 Abb., 19 Tab., DM 15,25

HEFT 434
Dipl.-Ing. W. Robs und Dr. J. Geurten, Bielefeld
Schlichten für Baumwollgarne
1957, 108 Seiten, 3 Abb., zahlreiche Tab., DM 23,70

HEFT 435
Dipl.-Ing. W. Robs und Dipl.-Ing. L. Steinmetz, Bielefeld
Die Masseungleichmäßigkeit von Flachstreckenbändern in Abhängigkeit von Verzug und Dopplung
1957, 42 Seiten, 4 Abb., 2 Tabellen, DM 9,90

HEFT 436
Priv.-Doz. Dr. habil. J. Juilfs, Krefeld
Zur Bestimmung der Reißlast (Zugfestigkeit) von Fasern, Fäden und Garnen
in Vorbereitung

HEFT 437
Prof. Dr. G. Schmölders und Dr. I. Meyer, Köln
Geldwertbewußtsein und Münzpolitik. — Das sogenannte Gresham'sche Gesetz im Lichte der ökonomischen Verhaltensforschung
1957, 92 Seiten, DM 20,30

HEFT 438
Prof. Dr.-Ing. H. Winterhager und Dr.-Ing. L. Werner, Aachen
Bestimmung des elektrischen Leitvermögens geschmolzener Fluoride
1957, 52 Seiten, 18 Abb., 10 Tab., DM 11,90

HEFT 439
Prof. Dr. phil. H. Lange, Köln und Dr. rer. nat. R. Kohlhaas, Neuß/Rh.
Anwendung der thermomagnetischen Analyse zum Studium des Umwandlungsverhaltens von Eisenwerkstoffen im Temperaturbereich von —150°C bis +1500°C
in Vorbereitung

HEFT 440
Dr.-Ing. H. Wolf, Aachen
Gekoppelte Hochfrequenzleitungen als Richtkoppler
in Vorbereitung

HEFT 441
Dr. phil. habil. P. Hölemann und Ing. R. Hasselmann, Düsseldorf
Messung des Temperatur- und Druckverlaufes beim Füllen und Entspannen von Dissousgas
1957, 52 Seiten, 6 Abb., 7 Tab., DM 11,25

HEFT 442
Dipl.-Ing. W. Robs, Text.-Ing. Griese und Text.-Ing. W. Lauer, Bielefeld
Die Auswirkungen der Trocknungsart naßgesponnener Leinengarne auf deren Verarbeitungswirkungsgrad sowie auf die Festigkeits- und Dehnungseigenschaften der Garne und Gewebe
1957, 28 Seiten, 2 Abb., 3 Tab., DM 6,50

HEFT 443
Prof. Dr. phil. W. Weizel und K. Kluth, Bonn
Über die Struktur der positiven Gleitentladungen
1957, 44 Seiten, 30 Abb., DM 12,20

HEFT 444
Dr.-Ing. W. Wilhelm, Aachen
Einfluß der Saugrohrabmessung, der Einlaßsteuerlage und der Größe des Kurbelkastenvolumens auf den Ladungswechsel eines Einzylinder-Zweitakt-Dieselmotors
in Vorbereitung

HEFT 445
Dr.-Ing. E. Barz, Remscheid
Fertigungs- und Prüfverfahren für Feilen
vergriffen

HEFT 446
Dr. med. G. Schäfer
Glutationsstoffwechsel und Sauerstoffmangel
1957, 28 Seiten, 5 Tab., DM 6,40

HEFT 447
Prof. Dr.-Ing. F. Bollenrath, Aachen, Dr.-Ing. H. Füllenbach, Seesen/Harz und Dipl.-Ing. J. Schumacher, Neubeckum/Westf.
Entwicklung rationell arbeitender Spritzkabinen
in Vorbereitung

HEFT 448
Dr. med. C. Winkler, Bonn
Ein Koinzidenz-Szintillometer zum Zwecke der Schilddrüsenfunktionsdiagnostik und der Tumordiagnostik
1957, 32 Seiten, 12 Abb., DM 8,35

HEFT 449
Priv.-Doz. Oberbaurat Dr.-Ing. W. Meyer zur Capellen und Mitarbeiter, Aachen
Bewegungsverhältnisse an der geschränkten Schubkurbel
in Vorbereitung

HEFT 450
Prof. Dr.-Ing. W. Paul, Bonn, und Dipl.-Phys. H. P. Reinhard, M.-Gladbach
Das elektrische Massenfilter als Isotopentrenner
in Vorbereitung

HEFT 451
Prof. Dr. G. Schmölders, Köln
Rationalisierung und Steuersystem
1957, 78 Seiten, DM 17,15

HEFT 452
Prof. Dr. rer. nat. W. Weltzien und Dr. phil. K. Windeck, Krefeld
Veränderungen an Fasern bei der Bleiche mit Natriumchlorid und über einige Vergilbungserscheinungen
1957, 64 Seiten, 3 Abb., 13 Tabellen, DM 14,85

HEFT 453
Forschungsinstitut der Feuerfest-Industrie, Bonn
Die Arbeiten der technisch-wissenschaftlichen Kommission der PRE (Vereinigung der europäischen Feuerfest-Industrie)
1957, 62 Seiten, 9 Abb., 18 Tabellen, DM 14,75

HEFT 454
Dr.-Ing. W. Piepenburg, Dipl.-Ing. B. Bühling und Bauing. J. Behnke, Köln
Haftfestigkeit der Putzmörtel
in Vorbereitung

WESTDEUTSCHER VERLAG · KÖLN UND OPLADEN

HEFT 455
Dr.-Ing. W. A. Fischer, Dr.-Ing. H. Treppschuh und Dipl.-Phys. K. H. Köthemann, Düsseldorf
Erschmelzung von Reinsteisen nach dem Kohlenstoffproduktionsverfahren und Kerbschlagzähigkeit-Temperatur-Kurven dieses Eisens
1957, 38 Seiten, 7 Abb., 6 Tabellen, DM 9,35

HEFT 456
Priv.-Doz. Dir. Dr.-Ing. K. Bungardt, Essen
Zeitstandversuche an austenitischen Stählen und Legierungen
in Vorbereitung

HEFT 457
Prof. Dr. phil. F. Wever, Düsseldorf und Dr. phil. W. Wepner, Köln
Dämpfungsmessungen an schwach gereckten Eisen-Kohlenstoff-Legierungen
1957, 34 Seiten, 7 Abb., 3 Tab., DM 8,40

HEFT 458
Prof. Dr.-Ing. H. Schenck und Dr.-Ing. E. Schmidtmann, Aachen
Das Frischen von Thomas-Roheisen mit Sauerstoff-Wasserdampf-Gemischen und die Eigenschaften der damit erblasenen Stähle
1957, 62 Seiten, 56 Abb., DM 16,35

HEFT 459
Prof. Dr. phil. F. Wever, Dr. phil. O. Krisement und Hanna Schädler, Düsseldorf
Ein isothermes Mikrokalorimeter zur kinetischen Messung von Umwandlungs- und Ausscheidungsvorgängen in Legierungen
1957, 44 Seiten, 14 Abb., DM 10,75

HEFT 460
Prof. Dr. phil. F. Wever und Dr. rer. nat. B. Ilschner, Düsseldorf
Ein isothermes Lösungskalorimeter zur Bestimmung thermo-dynamischer Zustandsgrößen von Legierungen
1957, 44 Seiten, 7 Abb., 4 Tabellen, DM 10,40

HEFT 461
Prof. Dr.-Ing. habil. E. Piwowarski †, Prof. Dr.-Ing. W. Patterson und Dipl.-Ing. F. W. Iske, Bochum
Verbesserung der Zähigkeitseigenschaften von Bessemer-Stahlguß
1958, 54 Seiten, 15 Abb., 16 Tabellen, DM 12,75

HEFT 462
Prof. Dr. rer. nat. J. Weissinger
Zur Aerodynamik des Ringflügels — II. Die Ruderwirkung
Zur Aerodynamik des Ringflügels — III. Der Einfluß der Profildicken
1957, 82 Seiten, 7 Abb., 6 Tabellen, DM 18,20

HEFT 463
Dipl.-Ing. G. Plüss, Essen-Steele
Die Aufteilung der verbrennlichen Bestandteile in Verbrennungsgasen auf CO und H_2 bei Verbrennung mit Luftunterschuß und bei Luftüberschuß und künstlicher Flammenkühlung
1957, 34 Seiten, 7 Abb., 2 Tabellen, DM 8,40

HEFT 464
Dr. phil. habil. P. Hölemann und Ing. R. Hasselmann, Dortmund
Die Möglichkeit der Zündung von Acetylen in Rohrleitungen beim Ausbleiben mit Stickstoff
1957, 38 Seiten, 6 Abb., 6 Tabellen, DM 9,20

HEFT 465
Dr.-Ing. R. Koch, Köln
Amerikanische Fertigungsunterlagen und ihre Werkstattreifmachung für deutsche Betriebe
in Vorbereitung

HEFT 466
Prof. Dr.-Ing. J. Mathieu, Aachen
Überbetrieblicher Verfahrensvergleich
in Vorbereitung

HEFT 467
Prof. Dr. Dr. h. c. E. Klenk und Dr. phil. H. Faillard, Köln
Neue Erkenntnisse über den Mechanismus der Zellinfektion durch Influenzavirus
Die Bedeutung der Neuraminsäure als Zellreceptor für das Influenzavirus
1957, 52 Seiten, 5 Abb., DM 14,40

HEFT 468
Prof. Dr. med. Dr. med. dent. G. Korkhaus und Dr. med. R. Alfter, Bonn
Die Vakuumwurzelbehandlung
in Vorbereitung

HEFT 469
Dr. sc. agr. F. Riemann und Dipl.-Volksw. R. Hengstenberg, Göttingen
Zur Industrialisierung kleinbäuerlicher Räume
1957, 138 Seiten, 4 Karten, 23 Tab., DM 27,—

HEFT 470
O. Wehrmann
Hitzdrahtmessungen in einer aufgespaltenen Kármánschen Wirbelstraße
1957, 42 Seiten, 14 Abb., 4 Tabellen, DM 10,90

HEFT 471
Prof. Dr. phil. habil. A. Naumann, Dr.-Ing. A. Heyser und Dr.-Ing. Dipl.-Ing. W. Trommsdorf, Aachen
Der Überdruck-Windkanal in Aachen
1957, 44 Seiten, 20 Abb., DM 11,—

HEFT 472
Dipl.-Ing. A. Freitag, Essen-Steele
Verhalten von Katalytstrahlern bei Betrieb mit Luftvormischung zum Gas und der Verbrennung von Luft gegen eine Gasatmosphäre
in Vorbereitung

HEFT 473
Prof. Dr. phil. F. Wever, Dr.-Ing. W. Lueg und Dipl.-Ing. P. Funke jr. Düsseldorf
Versuche an einer hydraulischen 25 t-Stangenziehbank
1957, 34 Seiten, 11 Abb., DM 8,95

HEFT 474
Dr.-Ing. R. Ibing und Dipl.-Ing. G. Meier, Hannover
Eichung und Entwicklung von Staubentnahmesonden
in Vorbereitung

HEFT 475
Prof. Dipl.-Ing. W. Sturtzel, Obering. Helm und Dipl.-Ing. Heuser, Duisburg
Systematische Ruderversuche mit einem Schleppkahn und einem Binnenselbstfahrer vom Typ „Gustav Koenigs"
in Vorbereitung

HEFT 476
Prof. Dipl.-Ing. W. Sturtzel und Dipl.-Ing. Schmidt-Stiebitz, Duisburg
Einfluß der Hinterschiffsform auf das Manövrieren von Schiffen auf flachem Wasser
in Vorbereitung

HEFT 477
Dr. K. Utermann, Dortmund
Freizeitprobleme bei der männlichen Jugend einer Zechengemeinde
1957, 56 Seiten, DM 12,75

HEFT 478
Prof. Dr.-Ing. habil. W. Petersen und Dr.-Ing. S. Wawroschek, Aachen
Brikettierungsversuche zur Erzeugung von Möllerbriketts unter Verwendung von Braunkohle
1957, 102 Seiten, 42 Abb., 6 Tabellen, DM 24,25

HEFT 479
Prof. Dr.-Ing. W. Wegener, Aachen, und Dipl.-Ing. H. Fournè, Bochum
Ursachen des Überschreitens der Toleranzgrenze nach oben oder unten (Meter pro Gramm) an der Strecke
1958, 60 Seiten, 17 Abb., 3 Tabellen, DM 14,60

HEFT 480
Dr. phil. K. Brücker-Steinkuhl, Düsseldorf
Anwendung mathematisch-statistischer Verfahren bei der Fabrikationsüberwachung
in Vorbereitung

HEFT 481
Oberbaurat Dr.-Ing. W. Meyer zur Capellen, Aachen
Fünf- und sechspunktige Geradführung in Sonderlagen des ebenen Gelenkvierecks
in Vorbereitung

HEFT 482
Dipl.-Ing. R. Pels-Leusden und Dr. K. Bergmann, Essen
Die Frostbeständigkeit von Ziegeln; Einflüsse der Materialzusammensetzung und des Brandes
in Vorbereitung

HEFT 483
Prof. Dr.-Ing. habil. F. A. F. Schmidt, Aachen
Gemischbildungs-, Selbstzündungs- und Verbrennungsvorgänge als Grundlage für Entwicklungsarbeiten an Gasturbinenbrennkammern
in Vorbereitung

HEFT 484
Prof. Dr. habil. H. E. Schwiete und Dr. G. Schwiete, Aachen
Beitrag zur Struktur des Montmorillonit
in Vorbereitung

HEFT 485
Prof. Dr. phil. E. Jenckel, Aachen, Dr. H. Wilsing, Dormagen, Dr. H. Dörffurt, Wesseling/Bez. Köln und Dipl.-Phys. H. Rinkens, Eschweiler
Kristallisation und Hochpolymeren
in Vorbereitung

HEFT 486
Doz. Dr. med. E. Lerche und Dr. med. J. Schulze, Aachen
Hörermüdung und Adaptation im Tierexperiment
in Vorbereitung

HEFT 487
Prof. Dipl.-Ing. W. Blume, Duisburg
Festigkeitseigenschaften kombinierter Leichtbaustoffe im Hinblick auf die Verkehrstechnik, insbesondere des Flugzeugbaus
in Vorbereitung

HEFT 488
Prof. Dr. habil. H. E. Schwiete und Dipl.-Chem. H. Westmark
Beitrag zur Kennzeichnung der Texturen von Schamottesteinen
in Vorbereitung

HEFT 489
Dipl.-Math. K. H. Müller
Strenge Lösungen der Navier-Stokes-Gleichung für rotationssymmetrische Strömungen
1957, 64 Seiten, 23 Abb., DM 14,85

HEFT 490
Hauptstelle für Staub- und Silikosebekämpfung des Steinkohlenbergbauvereins, Essen-Rüttenscheid
Zur Staub- und Silikosebekämpfung im Steinkohlenbergbau
in Vorbereitung

HEFT 491
Prof. Dr. Fr. Lotze und K. Kötter, Münster
Chloridgehalte des oberen Emsgebietes und ihre Beziehungen zur Hydrogeologie
in Vorbereitung

HEFT 492
Prof.-Dr. phil. J. Meixner und B. Manz, Aachen
Zur Theorie der irreversiblen Prozesse in α-Eisen
in Vorbereitung

HEFT 493
Prof. Dr. phil. habil. A. Naumann und Dipl.-Ing. H. Pfeiffer, Aachen
Versuche an Wirbelstraßen hinter Zylindern bei hohen Geschwindigkeiten
in Vorbereitung

HEFT 494
Dipl.-Ing. W. Rohs und Text.-Ing. Griese, Bielefeld
Entwicklung und Erprobung eines verbesserten elektrischen Kettfadenwächtergeschirrs für die Leinen- und Halbleinenweberei
1957, 56 Seiten, 9 Abb., 11 Tabellen, DM 13,—

HEFT 495
Prof. Dr. phil. E. Asmus und Dr. rer. nat. H.-F. Kurandt, Berlin
Einige analytische Anwendungen der Zincke-Königschen Reaktion
in Vorbereitung

HEFT 496
Dipl.-Chem. P. Vogel, Krefeld
Färberische Eigenschaften von zur Herstellung von Verdickungen in der Stoffdruckerei bestimmten Sorten
1957, 38 Seiten, 3 Abb., 3 Tabellen, DM 9,30

HEFT 497
Oberarzt Dr. med. G. Mußgnug, Bottrop
Die Knochenveränderungen und der Knochenstoffwechsel beim Sudeck-Syndrom
1958, 58 Seiten, 18 Abb., DM 13,85

HEFT 498
Prof. Dr.-Ing. H. Zahn und Dr. rer. nat. W. Gerstner, Aachen
Herstellung säurefester technischer Gewebe
1957, 40 Seiten, 8 Tabellen, DM 9,65

HEFT 499
Priv.-Doz. Dr. J. Juilfs, Krefeld
Die Bestimmung des Wasserrückhaltevermögens (bzw. des Quellwertes) von Fasern
in Vorbereitung

WESTDEUTSCHER VERLAG · KÖLN UND OPLADEN

HEFT 500
Priv.-Doz. Dr. J. Juilfs, Krefeld
Vergleichende Untersuchungen am Schopper-Scheuerprüfgerät
in Vorbereitung

HEFT 501
Dipl.-Ing. W. Rohs und Dr. J. Geurten, Bielefeld
Untersuchungen in der Leinengarnbleiche
in Vorbereitung

HEFT 502
Prof. Dr. M. Diem und Dr. R. Trappenberg, Karlsruhe
Berechnung der Ausbreitung von Staub und Gas
1957, 200 Seiten, mit zahlreichen Diagr., DM 37,30

HEFT 503
Dr. rer. nat. J. Faßbender, Bonn
Untersuchungen über die Eigenschaften von Cadmiumsulfid-Sandwich-Zellen
1957, 36 Seiten, 8 Abb., DM 8,80

HEFT 504
Prof. Dr. phil. F. Wever, Dr. phil. W. Wink und Dr. rer. nat. W. Jellinghaus, Düsseldorf
Versuchsanordnung zur Messung der Suszeptibilität paramagnetischer Stoffe und Meßergebnisse an Nickel-Chrom- und Kobalt-Nickel-Chrom-Werkstoffen
in Vorbereitung

HEFT 505
Prof. Dr.-Ing. F. A. F. Schmidt und Dipl.-Ing. H. Heitland, Aachen
Einfluß des Selbstzündungsverhaltens der Kraftstoffe auf den Verbrennungsablauf, Wirkungsgrad und Druckverlust von Hochleistungsbrennkammern
in Vorbereitung

HEFT 506
Prof. Dr.-Ing. W. Meyer zur Capellen, Aachen
Der Flächeninhalt von Koppelkurven. — Ein Beitrag zu ihrem Formenwandel
in Vorbereitung

HEFT 507
Prof. Dr. H. Kaiser, Dr. G. Bergmann und Dr. G. Gresze, Dortmund
Kartei zur Dokumentation in der Molekülspektroskopie
in Vorbereitung

HEFT 508
Dr. H. Schmidt-Ries, Krefeld
Limnologische Untersuchungen des Rheinstromes I (Hydrobiologische und physiographische Untersuchungen)
in Vorbereitung

HEFT 509
Dr. Schmidt-Ries, Krefeld
Limnologische Untersuchungen des Rheinstromes I (Tabellenwerk)
in Vorbereitung

HEFT 510
Prof. Dr. rer. nat. W. Groth und Dr.-Ing. K. Bayerle, Bonn
Anreicherung der Uranisotope nach dem Gaszentrifugenverfahren
in Vorbereitung

HEFT 511
H. Wahl, G. Kantenwein und W. Schäfer, Essen
Gesteinsbohr-Modellversuche zur Frage des Drehbohrens, Schlagbohrens und Drehschlagbohrens
in Vorbereitung

HEFT 512
Prof. Dr. H. Strassl, Bonn
Azimut-Monogramme für alle Stundenwinkel und Deklinationen im Bereich der geographischen Breiten von —80° bis +80°
in Vorbereitung

HEFT 513
Prof. Dr. W. Schmitz und Dr. rer. F. Schmitt, Mülheim/Ruhr
Die Verwendung des Magnetbandgerätes zur Speicherung des Kurvenverlaufs elektrischer Ströme
in Vorbereitung

HEFT 514
Dr. rer. nat. M.-E. Meffert, Essen
Die Kultur von Scenedesmus obliquus in Abwasser
1957, 46 Seiten, 7 Abb., 7 Tabellen, DM 10,85

HEFT 515
Prof. Dr. habil. H. E. Schwiete und Dr.-Ing. Chr. Hummel, Aachen
Thermochemische Untersuchungen im System SiO_2 und Na_2O—SiO_2
in Vorbereitung

HEFT 516
Prof. Dr.-Ing. H. Müller, Dipl.-Ing. F. Reinke und Dipl.-Ing. W. Sorgenicht, Essen
Gesamtstrahlungsmessungen der Temperaturstrahlung
in Vorbereitung

HEFT 517
Prof. Dr. med. G. Lehmann und Dr. med. J. Meyer-Delius, Dortmund
Gefäßreaktionen der Körperperipherie bei Schalleinwirkung
in Vorbereitung

HEFT 518
Dr.-Ing. H. Scheffler, Dortmund
Funktionelle Zusammenhänge der dynamischen Einflußgrößen beim handgeführten Druckluft-Abbauhammer und ihre Berücksichtigung für die Konstruktion rückstoßarmer Hämmer
in Vorbereitung

HEFT 519
Prof. Dr. phil. F. Wever, Dr. phil. W. Koch und Dr. phil. S. Eckhard, Düsseldorf
Die spektrographische Bestimmung der Spurenelemente in Stahl ohne vorherige Abbrennung
in Vorbereitung

HEFT 520
Prof. Dr.-Ing. H. Opitz, Dipl.-Ing. H. Obrig und Dipl.-Ing. P. Kips, Aachen
Untersuchung neuartiger elektrischer Bearbeitungsverfahren
in Vorbereitung

HEFT 521
Prof. Dr.-Ing. H. Opitz und Dipl.-Ing. K. E. Schwartz, Aachen
Das Abrichten von Schleifscheiben mit Diamanten
in Vorbereitung

HEFT 522
J. Lorentz und K. Brocks
Elektrische Meßverfahren in der Geodäsie
in Vorbereitung

HEFT 523
K. Eberts
Entwicklungen einiger Meßverfahren und einer Frequenz- und amplitudenstabilisierten Meßeinrichtung zur gleichzeitigen Bestimmung der komplexen Dielektrizitäts- und Permeabilitätskonstante von festen und flüssigen Materialien im rechteckigen Hohlleiter und im freien Raum bei Frequenzen von 9200 und 33000 MHz
in Vorbereitung

HEFT 524
Dr. rer. nat. S. Lockau, Emlichheim
Versuche zur Gewinnung von Kartoffeleiweiß
in Vorbereitung

HEFT 525
Prof. Dr. Dr. h.c. H. P. Kaufmann und Dr. F. Weghorst, Münster
Beiträge zur Chemie und Technologie der Fetthärtung I
in Vorbereitung

HEFT 526
Dr. phil. habil. P. Hölemann und Ing. R. Hasselmann, Dortmund
Einfluß der Oberflächenbeschaffenheit der Wandung auf den Ablauf von Azetylenexplosionen
in Vorbereitung

HEFT 527
Dr. rer. nat. K. G. Müller, Hanau/W.
Wärmeübertragung auf eine Flugstaubströmung im senkrechten Rohr sowie auf eine durchströmte Schüttgutschicht
in Vorbereitung

HEFT 528
Dr. P. Ney und Dr. F. Schwarz, Köln
Physikochemische Grundlagen der Bildsamkeit von Kalken unter Einbeziehung des Begriffs der aktiven Oberfläche
Kristallchemische Betrachtung der Bildsamkeit
in Vorbereitung

HEFT 529
Dr. phil. G. Riedel, Dortmund
Messung und Regelung des Klimazustandes durch eine die Erträglichkeit für den Menschen anzeigende Klimasonde
in Vorbereitung

HEFT 530
Dr. med. O. Graf, Dortmund
Nervöse Belastung im Betrieb — I. Teil: Nachtarbeit und nervöse Belastung
in Vorbereitung

HEFT 531
Prof. Dr.-Ing. habil. K. Krekeler, Dipl.-Ing. H. Verhoeven und Dipl.-Ing. H. Ernenputsch, Aachen
Autogenes Entspannen bei niedrigen Temperaturen
in Vorbereitung

HEFT 532
Prof. Dr.-Ing. habil. K. Krekeler, Dipl.-Ing. H. Verhoeven und Dipl.-Ing. W. Krieweth, Aachen
Schutzgasschweißen mit kontinuierlich abschmelzender Elektrode von niedriglegierten Kohlenstoffstählen (Sigma-Schweißen)
in Vorbereitung

HEFT 533
Prof. Dr.-Ing. H. Opitz und Dipl.-Ing. W. Hölken, Aachen
Untersuchung von Ratterschwingungen an Drehbänken
in Vorbereitung

HEFT 534
Oberbergamtsdirektor H. Sanders, Dortmund
Seismische Forschungsarbeiten im Ostteil des Grubenfeldes König Ludwig
in Vorbereitung

HEFT 535
Dr.-Ing. J. Lennertz, Köln
Einfluß des Ausbaugrades und Benutzungsgrades nachrichtentechnischer Einrichtungen auf die Gesamtwirtschaft
in Vorbereitung

HEFT 536
Dr. rer. nat. C. W. Czernin-Chudenitz, Krefeld
Limnologische Untersuchungen des Rheinstromes. — Quantitative Phytoplanktonuntersuchungen
in Vorbereitung

HEFT 537
Dr.-Ing. N. Gössl, Frankfurt/M.
Probleme der Zugförderung im Zusammenhang mit der Ausnutzung der Atom-Energie
in Vorbereitung

HEFT 538
Prof. Dr. K. Hinsberg, Düsseldorf
Reaktion zur Frühdiagnose von Krebserkrankungen
in Vorbereitung

HEFT 539
Prof. Dr. L. v. Ubisch, Norwegen
Die philogenetischen Symmetrieveränderungen bei den Seeigeln
in Vorbereitung

HEFT 540
Prof. Dr. rer. nat. H. Krebs, Bonn
Die katalytische Aktivierung des Schwefels
in Vorbereitung

HEFT 541
Prof. Dr. O. Schmitz-DuMont, Bonn
Reaktionen in flüssigem Ammoniak zur Gewinnung von 1. Titanylamid, 2. Oxykobalt(III)-amiden, 3. Ammonobasischen Kobalt(III)-benzylaten
in Vorbereitung

HEFT 542
Dr. phil. nat. G. Zapf, Schwelm
Entwicklung eines Verfahrens zur Herstellung von Formteilen aus Sintermessing
in Vorbereitung

HEFT 543
Prof. Dr. phil. habil. H. E. Schwiete, Dr. phil. H. Müller-Hesse und Dipl.-Ing. G. Gelsdorf, Aachen
Einlagerungsversuche an synthetischem Mullit. Teil II
in Vorbereitung

HEFT 544
Prof. Dr. phil. habil. H. E. Schwiete, Dr.-Ing. A. K. Bose und Dr. phil. H. Müller-Hesse, Aachen
Die Schmelzphase in Schamottesteinen. — Teil II
in Vorbereitung

HEFT 545
Prof. Dr. phil. habil. H. E. Schwiete, Dr. rer. nat. G. Ziegler und Dipl.-Ing. Ch. Kliesch, Aachen
Thermochemische Untersuchungen über die Dehydration des Montmorillonits
in Vorbereitung

HEFT 546
Prof. Dr.-Ing. K. Leist und K. Graf, Aachen
Vergleich von Gleichdruck- und Verpuffungsgasturbinen
in Vorbereitung

HEFT 547
Prof. Dr.-Ing. K. Leist, K. Graf und D. Stojek, Aachen
Das betriebliche Verhalten von Gasturbinen-Fahrzeugen
in Vorbereitung

WESTDEUTSCHER VERLAG · KÖLN UND OPLADEN

HEFT 548
Prof. Dr.-Ing. K. Leist und J. Weber, Aachen
Spannungsoptische Untersuchungen von Turbinenscheiben mit angefrästen und eingesetzten Schaufeln
in Vorbereitung

HEFT 549
Dr.-Ing. R. Merten, Duisburg
Resonanzanpassung bei einem Tiefpaß
in Vorbereitung

HEFT 550
Dr. H. Stephan, Bonn
Elektrisches Standhöhenmeßgerät für Flüssigkeiten
in Vorbereitung

HEFT 551
Prof. Dr. phil. W. Weizel und Dipl.-Phys. B. Brandt, Bonn
Betriebsbedingungen einer stromstarken Glimmentladung
in Vorbereitung

HEFT 552
Dr.-Ing. G. Leiber und Dipl.-Ing. D. Schauwinhold, Duisburg-Hamborn
Versuche zur Erzeugung halbberuhigten Stahles
in Vorbereitung

HEFT 553
Prof. Dr. rer. pol. G. Garbotz und Dipl.-Ing. J. Theiner, Aachen
Untersuchungen der Walzverdichtungsvorgänge auf Lößlehm, Kies und Schotter
in Vorbereitung

HEFT 554
Prof. Dr.-Ing. H. Müller, Essen
Untersuchung von Elektrowärmegeräten für Laienbedienung hinsichtlich Sicherheit und Gebrauchsfähigkeit. — Teil II: Temperaturen an und in schmiegsamen Elektrogeräten
in Vorbereitung

HEFT 555
Prof. Dr. med. H. Elbel und Dipl.-Phys. K. Sellier, Bonn
Der Nachweis kleinster CO-Mengen in Körperflüssigkeiten
in Vorbereitung

HEFT 556
Prof. Dr. A. Gütgemann und Dr. med. G. Karcher, Bonn
Klinische und experimentelle Untersuchungen mit Hilfe einer künstlichen Niere
in Vorbereitung

HEFT 557
Dr.-Ing. H. Schiffers, Dipl.-Ing. D. Ammann, Dipl.-Ing. E. Brugger und R. Dicke, Aachen
Härtbarkeit von Gußeisen mit Lamellen- und Kugelgraphit in Abhängigkeit von Zusammensetzung und Gefüge
in Vorbereitung

HEFT 558
Dr. phil. C. A. Roos, Aachen
Menschlich bedingte Fehlleistungen im Betrieb und Möglichkeiten ihrer Verringerung
in Vorbereitung

HEFT 559
Prof. Dr. H. E. Schwiete und Dipl.-Chem. R. Gauglitz, Aachen
Die Verflüssigung von Montmorillonitschlämmen
in Vorbereitung

HEFT 560
Prof. Dr. med. J. Vonkennel und Dr. G. Froitzheim, Köln
Zur Prüfung silikonhaltiger Hautschutzsalben
in Vorbereitung

HEFT 561
Prof. Dipl.-Ing. W. Sturtzel und Dr.-Ing. Schmidt-Stiebitz, Duisburg
Verbesserung des Wirkungsgrades von Düsenpropellern durch zusätzlich angeordnete Mischdüsen
in Vorbereitung

HEFT 562
Prof. Dr.-Ing. H. Schenck, Prof. Dr. phil. habil N. G. Schmahl und Dr.-Ing. G. Funke, Aachen
Die Reduzierbarkeit von Eisenerzen
in Vorbereitung

HEFT 563
Dr. D. v. Oppen, Dortmund
Beiträge zur Soziologie der Gemeinde im Ruhrgebiet. — II. Familien in ihrer Umwelt
in Vorbereitung

HEFT 565
Dr. K. Hahn und Dr. R. Mackensen, Dortmund
Beiträge zur Soziologie der Gemeinde im Ruhrgebiet. — IV. Die kommunale Neuordnung des Ruhrgebietes, dargestellt am Beispiel Dortmunds
in Vorbereitung

HEFT 566
Dr. H. Klages, Dortmund
Der Nachbarschaftsgedanke und die nachbarliche Wirklichkeit in der Großstadt
in Vorbereitung

WESTDEUTSCHER VERLAG · KÖLN UND OPLADEN

If you have any concerns about our products,
you can contact us on
ProductSafety@springernature.com

In case Publisher is established outside the EU,
the EU authorized representative is:
**Springer Nature Customer Service Center GmbH
Europaplatz 3, 69115 Heidelberg, Germany**

Printed by Libri Plureos GmbH
in Hamburg, Germany